Roberto Burioni

La congiura
dei Somari

Perché la scienza non può essere democratica

Rizzoli

Realizzazione editoriale: Studio Editoriale Littera, Rescaldina (MI)

La congiura dei Somari

A tutti coloro che insegneranno
a mia figlia Caterina Maria
come distinguere la bugia dalla verità.

Premessa

La scienza non è democratica. La velocità della luce non si decide per alzata di mano, come ha detto Piero Angela, al quale tanto dobbiamo. Una palla di ferro gettata in mare andrebbe invariabilmente a fondo, anche se un referendum popolare stabilisse che il peso specifico del ferro è inferiore a quello dell'acqua.

Certo, quel ferro potreste pure farlo galleggiare: ma dovrete imparare a fonderlo, a lavorarlo, a saldarlo nella giusta posizione indicata nel progetto di una nave. E per completare con successo uno solo di questi compiti dovreste rendervi conto prima che non lo sapete fare, e poi che per imparare a farlo è indispensabile studiare o, ancora meglio, trovare qualcuno più esperto di voi che ve lo insegni.

Nella vita reale, infatti, c'è gente che insegna. La maestra che in questo momento guida la mano della mia bimba nelle prime lettere, il saldatore che spiega all'apprendista come si tiene in mano un attrezzo pericoloso, il muratore che mostra al giovane appena arrivato come disporre in file dritte i mattoni. Insieme a chi insegna c'è gente che impara: gente che si rende conto di sapere di meno e con umiltà apprende da chi sa, e con il tempo, con il sacrificio e con l'applicazione, si migliora così tanto da diventare lui stesso insegnante.

È grazie a migliaia di queste persone, indaffarate a insegnare e a imparare, che quel ferro che sprofonderebbe nell'acqua diventa una magnifica nave che vi porta in crociera nel Mediterraneo in tutta sicurezza.

Facebook ha dato la parola a tutti, e alcuni hanno inteso questa opportunità come un tassativo dovere di parlare anche di cose che non conoscono; immancabilmente lo fanno, non intuendo che, se è vero che tutti possono dire la loro sulla piacevolezza di una musica o sul colore del pelo del cane che più si gradisce, quando si parla di argomenti tecnici dell'opinione di uno che non sa nulla si può fare tranquillamente a meno.

Invece non lo capiscono, non avendo neppure l'idea della complessità delle cose e immaginandole semplicissime: quando incontrano qualcuno che svela la loro profonda ignoranza, lo apostrofano come superbo, borioso, non rispettoso delle opinioni altrui; questo in una stupefacente rappresentazione mentale in cui chi studia una materia con anni di sacrificio è arrogante, mentre chi pensa di poterla capire dopo un quarto d'ora su Google è invece un esempio di umiltà. Provano rabbia, ma la loro è la rabbia di Calibano, che se la prendeva con lo specchio che gli restituiva la sua atroce bruttezza. Essendo il mondo lo specchio che non vogliono vedere, dal mondo si rifugiano su internet, uno spazio dove ciascuno di noi è solo un lampo di luce, trasmesso da un universo all'altro in una frazione di secondo, che può prendere la forma che vuole.

Li trovate, questi Somari, a parlare di qualunque branca dello scibile umano ma in particolare di terremoti, di meteorologia, di cura del cancro e – naturalmente – di vaccini.

Ognuno di loro dice l'esatto contrario di quello che dice la scienza e ognuno di loro si sente un nuovo Galileo.

Ma non basta dire il contrario di quello che dicono tutti per essere Galileo.

Bisogna pure avere ragione.

1

Una scienza primitiva e infantile

La scienza non è democratica, ma, come vedremo meglio più avanti, tutti possono dire la loro, a patto che quello che affermano sia sostenuto da dati. Ne consegue che quello che è vero oggi può non essere vero domani o domani l'altro. Capisco che questo generi perplessità, perché tutti vorremmo avere delle verità assolute, dei punti fermi. Purtroppo, nel senso più ampio del termine, la scienza non è in grado di fornirceli, essendo quella scientifica una verità provvisoria, che cambia nel tempo. Per i dogmi dovete rivolgervi alle religioni, se volete: la scienza si accontenta di molto meno.

Della scienza si può scegliere, tuttavia, se fidarsi o no. Ricordiamoci che gli scienziati sono uomini e, come gli uomini, sono talvolta disonesti o si rincitrulliscono con l'età; ma le mele marce esistono ovunque e anche se un singolo poliziotto è malvagio noi comunque, quando arrivano i ladri, continuiamo a chiamare la polizia. Allo stesso modo, pur se uno scienziato è cialtrone o corrotto, dobbiamo continuare a fidarci della comunità scientifica e della scienza nel suo complesso.

L'alternativa è quella di non fidarsi: ma è una strada che porta con sé guai giganteschi e un prezzo davvero esagerato.

David e Collet Stephan sono una coppia canadese di naturopati. Il loro bimbo, Ezekiel, non era nato in ospedale, ma in casa, e non aveva mai visto un dottore (figuriamoci un vaccino). Nel 2012, all'età di 19 mesi, il bimbo si ammalò gravemente e un'amica di famiglia – infermiera professionale – li avvertì che poteva trattarsi di meningite e che bisognava immediatamente farlo vedere da un medico. I genitori, però, erano diffidenti nei confronti della «scienza ufficiale» e invece di farlo visitare lo trattarono con peperoncino, cipolle e rafano. Come potete immaginare, il bambino peggiorò drammaticamente e morì poco dopo. Nessuna giustizia potrà mai restituire alla vita questa povera creatura, ma i coniugi Stephan furono condannati in un processo che si svolse in un'aula affollata di simpatizzanti, che tutti vestiti di bianco «tifavano» per loro, nonostante la tragica morte del piccolo, che aveva pagato così care le scelte dei suoi genitori alternativi.

Ancora peggio è quando a non fidarsi della scienza è uno Stato. Incredibilmente, la Germania Ovest fu all'inizio piuttosto tiepida nell'adottare la vaccinazione contro la poliomielite; tutto il contrario di quello che fece la Germania Est: il vaccino più efficace contro la malattia era stato sviluppato da Albert Sabin (nato nell'Impero russo nel 1906) e le prime sperimentazioni erano state condotte con grande successo in Unione Sovietica. Erano i tempi della guerra fredda e i Paesi oltre cortina non esitarono a adottare rapidamente il vaccino. Ebbene, la Germania Est introdusse la vaccinazione a tappeto nel 1960, la Germania Ovest nel 1962. Sapete quale fu il risultato di questo ritardo in due Paesi con lingua, abitudini e geni in comune separati da un confine dal termine della Seconda guerra mondiale? Nei due anni (1960 e 1961) ci furono in Germania Est 130 casi di poliomielite, in Germania Ovest quasi 9000. Nel luglio 1961, addirittura, la Germania Est impose ulteriori restrizioni ai viaggi dei propri cittadini affermando che spostarsi dall'Ovest all'Est poteva riportare nel Paese la poliomielite, dopo che un'offerta di vaccino gratuito alla ricca Germania Ovest era stata rifiutata. Nel mese successivo venne costruito il muro di Berlino, ma tutti dicono che qui la polio e la scienza non c'entrano nulla.

RFG (Germania Ovest): casi di polio dal 1949 al 1970

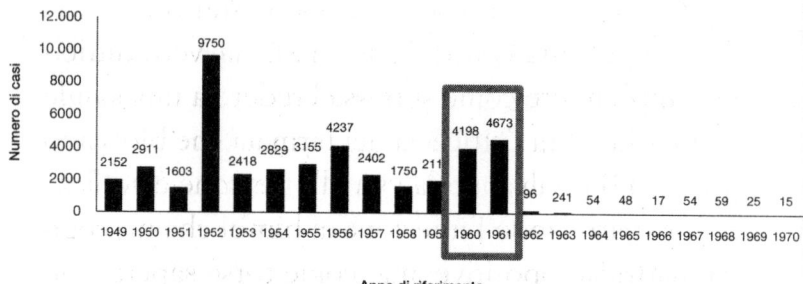

RDT (Germania Est): casi di polio dal 1949 al 1970

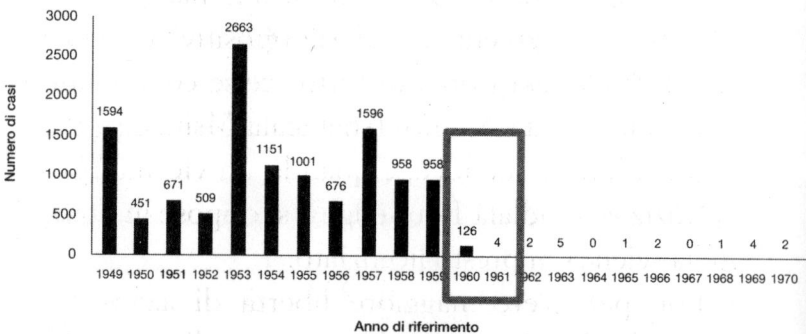

Questo è niente rispetto a ciò che accadde in Sudafrica quando il presidente Thabo Mbeki si convinse di una delle più terribili balle antiscientifiche: quella che racconta che l'AIDS non è causato dal virus HIV. La leggete a tutt'oggi in molti siti anti-vaccinisti e di medicina alternativa, e addirittura c'è in giro qualche medico che, nonostante abbia scritto nero su bianco che l'AIDS è una truffa, non è stato ancora radiato ed è spesso la star dei raduni dove si protesta contro i vaccini. È davvero difficile comprendere come si possa credere a una simile scemenza, vista l'efficacia dei farmaci che bloccano il virus HIV salvando la vita alle persone e addirittura risparmiando l'infezione ai bimbi che nascono da madri sieropositive, ma, come forse sapete, con certa gente non si ragiona. Questa volta «certa gente» non era il genitore informato o l'avvocaticchio di provincia, ma il presidente di una nazione con un'altissima percentuale di sieropositivi e malati di AIDS. Mbeki prima di tutto scelse come ministro della Sanità Manto Tshabalala-Msimang, che condivideva le sue idee, e quando un viceministro – Nozizwe Madlala-Routledge – si oppose in nome della scienza fu presto licenziato.

Poi, per avere maggiore libertà di azione, si circondò di scienziati «alternativi» (gli stessi che sentite sproloquiare sui soliti siti che propagano disinformazione), i quali fornirono in maniera scellerata una falsa base a questa follia che andò tragicamente avanti per anni tra le inutili proteste di chi tentava di far sentire la voce della ragione, mentre i malati morivano come le mosche. Addirittura, quando i farmaci antivirali vennero donati per uso gratuito in quella nazione devastata dalla malattia, il presidente li rifiutò, sostenendo che provocavano gravi effetti collaterali. Quegli stessi farmaci che stavano stupendo il mondo per la loro efficacia e che stavano letteralmente salvando la vita di ammalati altrimenti condannati a morte certa. Alcuni ricercatori hanno stimato quante vite sono state perse negli anni tra il 2000 e il 2005 a causa di questa deriva oscurantista: il numero è agghiacciante. Ben più di 300.000. Per darvi un'idea, durante la Seconda guerra mondiale persero la vita 291.000 militari italiani. Vi rendete conto? La follia di un presidente che ha creduto a una bugia senza alcun senso ha fatto più morti di una guerra.

Insomma, la scienza è imperfetta e fatta di uomini ancora più imperfetti, e le verità che ci offre sono sempre parziali e mai troppo sicure. Però vale la pena fidarsi, perché l'alternativa è costituita dal buio, dall'oscurantismo e dalla morte.

Quando chiesero ad Albert Einstein, che se ne intendeva, a che punto fossero i progressi della scienza, lui rispose: «Una cosa ho imparato nella mia lunga vita: che tutta la nostra scienza, al confronto con la realtà, è primitiva e infantile. Eppure è la cosa più preziosa che abbiamo».

Insomma, la scienza è poco. Ma è tutto quello di cui disponiamo.

Conviene non buttarla via.

2

Fenomenologia del Somaro

Può ben dire la sua un leone, quando a dir
la loro ci sono tanti asini in giro.

W. Shakespeare, *Sogno di una notte
di mezza estate*

Tutto è cominciato sul finire del 2015, mentre mi
trovavo con la mia famiglia nella California del Sud.
A quei tempi – sembra passata una vita – usavo Facebook esclusivamente per conseguire gli scopi per cui
è stato progettato, cioè controllare come erano invecchiate le mie ex fidanzate.

Avevo circa centocinquanta contatti, con i quali
condividevo vecchie foto, avventure scolastiche e
ricordi dei professori più bizzarri.

A un certo punto un'amica, che aveva creato un
gruppo dove s'incontravano centinaia di mamme,
mi invitò a partecipare per spiegare qualcosa sui
vaccini. Mi disse che c'era molta confusione, si diffondevano molti timori e sarebbe stato utile fugare
qualche dubbio.

Accettai con piacere, non fosse altro perché, essendo padre estremamente apprensivo di una bambina che allora aveva 4 anni, capivo bene cosa significasse temere per il proprio figlio.

Entrai, cominciai a illustrare i vaccini, il loro funzionamento, la loro efficacia, le loro modalità di somministrazione e rimasi scioccato: erano le mamme che li spiegavano a me! Avete capito bene: gente che aveva come unico titolo di studio la tessera a punti del supermercato, che come unici esami superati poteva vantare quelli del sangue, che non sapeva cosa fossero il sistema immunitario, un virus, un batterio, un vaccino, mi faceva notare che le vaccinazioni sovraccaricano il sistema immunitario, che i virus possono danneggiare lo sviluppo del bambino, che i batteri sono benefici e comunque dalle malattie si guarisce da soli; insomma, che i vaccini – forse la più grande conquista dell'uomo – sono non solo inefficaci, ma anche pericolosissimi.

Io tentavo di ribattere, ma non c'era niente da fare. Mi opponevano pagine internet strapiene di sciocchezze, finti lavori scientifici, siti dove si diceva che «un ricercatore dell'Università di [mettere il nome di una città esotica]» (espressione che ha ormai sostituito la desueta «un amico di mio cugino mi ha detto che...») aveva infallibilmente dimostrato che le vaccinazioni provocano l'autismo, l'epilessia, la forfora, la calvizie e pure gli errori arbitrali.

Di queste mamme ne ricordo una, appassionata di cucina, che pubblicava elaborate ricette con relative foto dei succulenti risultati. Voleva spiegarmi come funzionano gli adiuvanti (le sostanze contenute nei vaccini in grado di aumentarne l'efficacia stimolando in assoluta sicurezza il sistema immunitario), allora le feci notare che, mentre io non mi sarei mai permesso di insegnarle come si cucina una lasagna, lei stava invece facendomi una lezione proprio sugli argomenti che insegno ai miei studenti e ai miei colleghi durante lezioni e convegni.

Niente da fare.

Lì mi accorsi che erano in tanti, e le pagine della rete e dei social network erano i pascoli dove scorrazzavano non solo indisturbati, ma pure padroni. Parlavano di cose che non conoscevano, insegnavano nozioni che non sapevano, spiegavano concetti che non avevano capito. Erano moltissimi, erano ovunque.

Avevo sempre sospettato che i babbei in circolazione fossero in quantità considerevole ma, in un solo istante, Facebook non solo confermava in maniera definitiva la mia convinzione, ma mi forniva contestualmente nome e cognome di un gran numero di loro. Da appassionato di musica mi venne in mente *La Cenerentola* di Rossini e mi risuonò nella testa la voce di Don Magnifico, che cantava: «*Mi sognai tra il fosco, e il chiaro un bellissimo somaro; un somaro, ma solenne*».

Avevo incontrato i Somari. I Somari Raglianti.

Ora dobbiamo un poco intenderci: come nel vecchio film di André Cayatte, *Siamo tutti assassini*, nella vita siamo tutti somari.

Nessuno di noi conosce tutto: io – tanto per fare un esempio – so qualcosa di vaccini, virus e batteri non perché sono particolarmente intelligente e intuitivo, ma perché li studio da una vita. Se parliamo di come preparare una torta o come montare una presa elettrica sono somarissimo, non avendo idea di come si faccia. Però quando mi serve una torta vado in pasticceria, dove è al lavoro un esperto pasticciere, e allo stesso modo, se necessito del montaggio di una presa elettrica, chiamo un bravo elettricista.

Questo precetto basilare – e per me decisamente scontato – su internet non è applicato: ci sono elettricisti che parlano di terremoti, geologi che parlano di prese elettriche, pasticcieri che parlano di terapia dei tumori e oncologi che parlano di torte. Da qui la corretta definizione di Somaro, un termine grottesco e spiritoso che in nessun modo vuole essere un insulto, ma che io, da quel momento in poi, mi misi a utilizzare per descrivere una persona che blatera di un argomento che non conosce.

Nel tempo, più scrupolosamente, avvantaggiandomi della formazione scientifica che mi appartiene, ho messo a punto la descrizione del Somaro Ragliante, giungendo alla formula esatta che oggi sono in grado di pubblicare: «Un essere umano tanto babbeo da ritenersi tanto intelligente da riuscire a sapere e capire le cose senza averle studiate».

Da buon ricercatore, ho analizzato a lungo il suo comportamento, accorgendomi che la vita di branco è indispensabile a questa molesta specie: solo quando si trova circondato da simili il Somaro riesce a ritenersi molto intelligente, visto che il primario bisogno di ogni babbeo è quello di avere accanto un collega che lo rassicuri sulle sue capacità mentali. Inoltre, ragliando all'unisono, tanti asini tutti insieme possono convincersi a vicenda che non stanno effettivamente ragliando, ma intonando un gospel o una celestiale cantata di Bach. La prossimità di estranei è dunque evitata, visto che potrebbero accorgersi che non di Bach si tratta, ma di ragli sonori.

La promiscuità (quella cosa che i Somari scrivono spesso «promisquità») viene quindi sfuggita con cura, attraverso una vita riservata e un generico ricondursi alle cose «naturali» che vengono considerate a priori estremamente benefiche, dimenticando che tra i genuini doni della natura, oltre al virus dell'Ebola, alle eruzioni vulcaniche, ai terremoti e alle inondazioni, devono essere annoverati il veleno più potente che esista (la tossina di un batterio chiamato botulino) e il cancerogeno più pericoloso (si chiama aflatossina ed è prodotto da certi tipi di muffe).

Alcune abitudini della specie sono singolari. Il Somaro Ragliante si nutre avidamente di stupidaggini che trova su internet: oltre alle scontate notizie riguardanti conseguenze mortali delle vaccinazioni, predilige scie chimiche rilasciate da aviogetti nonché terremoti provocati da onde elettromagnetiche emesse da alieni. Se trova una balla gigantesca, la beve con gusto.

Conoscete quelli che quando un dito indica la Luna guardano il dito e non la Luna? Bene, in questo caso il Somaro non guarda né il dito né la Luna, ma dice: «Noi lassù non ci siamo mai andati, l'allunaggio è tutta una truffa!».

Certo, non se la passano bene: sono circondati da avvocati a corto di lavoro, medici con procedimento disciplinare a carico e giornalisti in disuso malinconici e vocianti, che succhiano al Somaro Ragliante i liquidi (dal conto in banca); singolarmente, la vittima trae piacere da tale pratica, avvantaggiando il parassita.

La specie è tutto sommato pacifica, ma può essere dannosa: a se stessa e ad altri. Infatti, seppure in buona fede, può diffondere pericolose bugie e instillare ingiustificate paure tali da indurre le persone a comportamenti che possono avere gravi conseguenze.

La brutta notizia è che sono tanti, molti più di quelli che immaginiamo.

La bella notizia è che non solo li possiamo fermare, ma possiamo anche farli tornare a essere persone normali in grado di ragionare. Perché io, che sono ottimista, so che dentro ogni Somaro c'è un cervello, e se c'è un cervello c'è speranza.

Ma come fare? Niente paura: per bloccare i Somari e per convertirli alla ragione abbiamo qualcosa di più efficace degli antibiotici, più sicuro dei vaccini, un rimedio antico ed economico. Vi state chiedendo di cosa si tratti? Ma la soluzione è molto semplice! Ne avete in mano un esemplare in questo momento.

I Somari si curano con i libri, in dosi massicce.

3

Lo strano caso del ventilatore assassino
ovvero
Perché si crede alle bufale

L'esperienza è fallace, il giudizio è difficile.

Ippocrate, *Aforismi*

Che i Somari raglino, dunque, è cosa naturale. Meno naturale è il fatto che a questi ragli, ovvero alle scemenze scritte su internet, qualcuno creda. È stupefacente come alcune persone, pure non sciocche, si facciano convincere in maniera così ingenua. I Somari dicono che i vaccini causano l'autismo, eppure questa affermazione è tanto vera quanto dire che la palla per giocare a calcio è di forma cubica. Nonostante ciò il 50% dei genitori che vaccinano i figli lo fanno temendo l'insorgere di questa malattia. Com'è possibile?

La verità è che la nostra mente, quella che prende le decisioni, non è perfetta: talvolta tende a commettere errori, perché quegli errori una volta erano cose giuste.

Vi sembrerà impossibile, ma il motivo per cui crediamo alle bufale è simile alla ragione per cui i nostri denti, se non li spazzoliamo adeguatamente, si cariano.

Vi siete mai chiesti perché i denti sono «progettati» così male? Se non vi lavate i capelli questi non cadono, mentre se non vi lavate i denti di lì a poco finirete sofferenti dal dentista. Eppure i denti sono organi importantissimi, che, quando non esistevano forchette e coltelli, potevano fare la differenza tra il potersi nutrire e il morire di fame.

La spiegazione è semplice: grazie all'evoluzione, la progettazione dei denti è perfetta, ma è perfetta per un mondo diverso da quello in cui viviamo. Da quando i nostri antenati si sono separati dalle grandi scimmie che sono i nostri progenitori, l'uomo ha vissuto sulla terra traendo nutrimento per lo più dalla caccia degli animali. La carne delle prede – insieme a frutti spontanei, erbe e radici – costituiva l'alimento principale e i denti si cariavano pochissimo. Nel 4500 a.C., in Africa, Estremo Oriente ed Europa, improvvisamente il numero di denti cariati è aumentato del 75%. Cos'era successo? Semplice: l'uomo aveva imparato a coltivare la terra e aveva cominciato a mangiare i cereali. Con il frumento, il riso e via dicendo la civiltà aveva fatto un grande salto in avanti: più cibo, nutrimento disponibile con regolarità, scorte accumulabili, la possibilità di vivere legati a un luogo e quindi poter crescere i neonati senza doverseli portare dietro; insomma, le condizioni per vivere meglio e aumentare di numero. Però con un piccolo problema: i denti non erano abituati a quel cibo, che cambia la popolazione microbica presente normalmente nella bocca e crea i presupposti per la proliferazione di batteri che producono sostanze in grado di danneggiare lo smalto che ricopre i denti. E infatti, da quel momento in poi, i denti hanno cominciato a cariarsi con frequenza. Sono fatti per un mondo più antico, e in quello moderno – mille volte migliore – non funzionano bene.

La stessa identica cosa è avvenuta per il nostro sistema immunitario, che è stato «progettato» dall'evoluzione per funzionare in un mondo immensamente più sporco di quello attuale: di certo l'uomo delle caverne (ma neanche il nostro trisnonno) non iniziava la giornata con una doccia come siamo soliti fare noi. La pulizia, l'acqua corrente, le fogne hanno dato un grandissimo contributo al prolungamento della nostra aspettativa di vita (ricordate che ai bei tempi antichi non arrivava a 30 anni), ma il nostro sistema immunitario si trova spaesato in tutta questa igiene e perciò, secondo un'accreditata teoria, è più predisposto a funzionare male. Questo causa l'aumento delle allergie e delle malattie autoimmuni, provocate appunto dalle nostre difese che o prendono una direzione sbagliata (è il caso delle persone allergiche, che producono particolari anticorpi contro i pollini e le altre sostanze che le disturbano) oppure addirittura, come accade nelle malattie autoimmuni, attaccano il nostro stesso organismo, che invece dovrebbero difendere. È un guaio, ma quando pensiamo che nel mondo senza fogne, antibiotici e acqua corrente un terzo dei bambini moriva prima di compiere un anno di vita, accettiamo pure qualche starnuto primaverile. Però il problema c'è.

Insomma, non tutto nel nostro corpo funziona perfettamente, essendo il frutto di un'evoluzione avvenuta in un mondo molto differente rispetto a quello nel quale viviamo.

Non avrei mai saputo che questi argomenti medici hanno molto a che fare con il credere alle bufale se non avessi avuto la fortuna di avere per amico e collega Matteo Motterlini, che, con lo stesso rigore con cui io studio i microrganismi, si occupa di come la nostra mente prende le sue decisioni. Grazie a lui ho saputo che la stessa cosa che vale per i nostri denti e per il nostro sistema immunitario è vera per il nostro cervello (inteso come sistema nervoso centrale), un organo con capacità di elaborazione non infinite che, in quel mondo in cui non c'era il cibo e si viveva nelle caverne, non doveva servire a calcolare il risultato di 458 × 873 o a comprendere la *Critica della ragion pura*, ma a raccogliere e interpretare gli stimoli esterni nel modo più veloce possibile per il fine essenziale di salvare la pelle del suo possessore, trattando un flusso elevatissimo di informazioni in maniera rapida ed efficiente. La nostra mente ha imparato a farlo, ma a prezzo di qualche errore. Così come è facile ingrassare in un mondo pieno di cibo, è facile per la nostra mente sbagliarsi in un mondo pieno di informazioni. E infatti la mente sbaglia. Non ci credete?

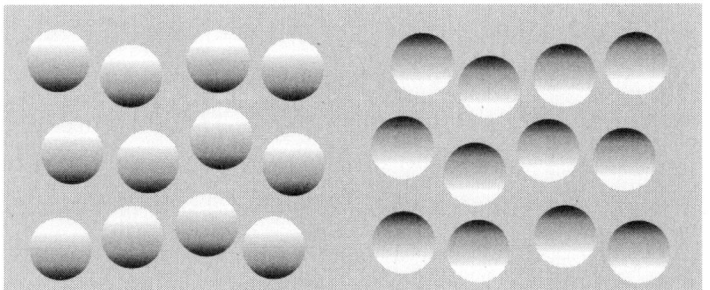

Guardate questa figura: è ovvio che nel mondo reale è importante capire se una cosa sporge o è rientrante, in quanto nel primo caso è possibile andarci a sbattere facendosi pure male. Ebbene, nella figura in questione voi state vedendo a sinistra, contrassegnati da un quadrato, alcuni oggetti sporgenti, convessi, mentre a destra, contrassegnate da un triangolo, vedete delle «concavità».

Provate a capovolgere la pagina e vi sorprenderete nell'accorgervi che, di colpo, nella parte con il quadrato gli oggetti sono concavi, mentre quelli segnati con il triangolo sono diventati sporgenti. So che un attimo prima di capovolgere la pagina penserete «non è possibile», come sono certo che la stessa espressione, con un altro tono, la pronuncerete dopo aver capovolto la pagina. Perché la nostra mente si sbaglia? E perché, badate bene, anche quando avete scoperto l'inganno, la mente continua a sbagliarsi? Perché, in automatico, dà per scontato che la luce arrivi dall'alto. Un errore comprensibile, se ci pensate: nel mondo preistorico in cui i denti non si cariavano la luce arrivava esclusivamente dal Sole, che, anche se qualcuno su internet trova da ridire, si trova per l'appunto in alto e dall'alto proietta i suoi raggi. La nostra mente non si ferma dunque a chiedersi se la luce proviene dall'alto o dal basso: ha imparato a dare per scontato che proviene dall'alto ed elabora di conseguenza le informazioni.

Qualcosa di utilissimo (ovvero il percepire istintivamente, in maniera corretta nella maggior parte dei casi, se qualcosa sporge o rientra) diventa infine fonte di errore. La stessa cosa che ci è accaduta nell'osservare le sfere sporgenti o rientranti accade quando tentiamo di stabilire dei rapporti di causa-effetto: come la mente dà per scontato che la luce arrivi dall'alto, tende a dare per scontato che due avvenimenti vicini siano il primo la causa del secondo.

La cosa è spiegabile, in quanto trovare un ordine nelle cose, stabilire un legame tra avvenimenti, prevedere quello che sta per succedere nel futuro è una capacità che è stata tanto utile per sopravvivere quanto lo è stato il sistema immunitario in grado di affrontare un mondo sporchissimo. Però, come il sistema immunitario in un mondo pulito può sbagliarsi e provocarci un'allergia, allo stesso modo la nostra mente può abusare di queste sue capacità e stabilire dei rapporti dove non ce ne sono, come ci insegna la storia incredibile dei ventilatori assassini.

Nel 1927, in Corea del Sud, su un quotidiano uscì un articolo nel quale si prospettava che dormire con accanto un ventilatore acceso potesse provocare la morte. In particolare era scritto che «le pale rotanti di un ventilatore creano un vuoto davanti al volto, e il flusso d'aria che ne risulta è così intenso da tradursi in un insufficiente apporto di ossigeno ai polmoni». Non ci crederete, ma in un Paese evoluto e ad altissima scolarizzazione come la Corea del Sud, dal quale arriva una buona parte delle novità tecnologiche che utilizziamo quotidianamente, si è cominciata a diffondere la convinzione che un ventilatore (o un condizionatore) in azione in una stanza chiusa potesse provocare la morte, causando l'asfissia come se fosse in grado, con le sue pale, di tagliare a metà le molecole di ossigeno. Il fatto è che in Corea del Sud il clima è caldo e pure umido, per cui i ventilatori vengono utilizzati estesamente; quindi molto spesso, nelle camere dove si dorme, ne trovate uno acceso per alleviare l'afa. Allo stesso tempo, purtroppo, molte persone muoiono durante il sonno. Muoiono per motivi che ovviamente non hanno nulla a che fare con i ventilatori, ma più con altri ben definiti fattori di rischio, come ipertensione o diabete: parliamo infatti di infarti, emorragie cerebrali, embolie polmonari, aritmie fatali e altre orribili cose di questo tipo.

Considerando questo, capirete che è possibile che una persona vada a letto viva e la mattina dopo venga ritrovata morta accanto a un ventilatore acceso, specie se fa caldo; così come accadrebbe accanto a un termosifone bollente se vivesse in un Paese del Nord Europa. Ovviamente il ventilatore non c'entra nulla, ma la mente vede il ventilatore, vede il morto, entrano in gioco quei meccanismi che portano a stabilire un falso rapporto di causa-effetto ed ecco che, così come gli oggetti vi sembrano sporgenti, nasce la convinzione che sia stato il ventilatore a uccidere.

Non pensate che questa sia una superstizione di poco conto: in Corea del Sud tutti i ventilatori in vendita hanno un temporizzatore, in modo che si possa andare a letto con l'apparecchio acceso con la certezza che di lì a poco si spegnerà; nei manuali di istruzioni dei ventilatori c'è la raccomandazione di non usarli in stanze dove si dorme e addirittura l'ente per la protezione dei consumatori (un ente ufficiale, supportato dal governo!) ha emesso, nel 2006, un'allerta per sensibilizzare la popolazione al fine di evitare queste morti prevenibili. Insomma, se noi vediamo qualcuno girare in auto con il condizionatore acceso e il finestrino abbassato siamo portati a pensare che stia commettendo una sciocchezza: in Corea molti automobilisti lo fanno perché temono che stare dentro l'auto chiusi con il condizionatore acceso possa portarli alla morte.

Foglio illustrativo di un ventilatore venduto in Corea. Il testo dice: «Non usare il ventilatore in un luogo chiuso. Non alzare al massimo quando ci si trova nelle vicinanze. È pericoloso dormire con il ventilatore acceso».

State ridendo dei coreani? Sbagliate, perché sono loro che dovrebbero ridere di noi, visto che la stessa identica cosa la facciamo per l'autismo con conseguenze ben più gravi.

Nel 1998 è stato pubblicato un lavoro scientifico, poi risultato falso, che suggeriva un legame tra vaccinazione contro il morbillo e autismo, così come in Corea era uscito l'articolo che gettava sospetti sui ventilatori. Questo fu sufficiente per far cadere la nostra mente in una trappola: tutti i bambini vengono vaccinati contro il morbillo intorno ai 13 mesi e l'autismo è un disturbo che presenta sintomi evidenti prima dei 2 anni. La situazione è identica a quella coreana: così come ci sono i ventilatori accesi perché fa caldo e qualcuno casualmente muore nel sonno accanto a uno di essi, allo stesso modo tutti i bambini vengono vaccinati e quando, alcuni mesi dopo, i sintomi dell'autismo compaiono in tutta la loro evidenza, è facile concludere che la colpa è del vaccino.

Capite che in entrambi i casi (e in tanti altri) è la nostra mente ad avere la tendenza a trovare a tutti i costi un rapporto di causa-effetto e a portarci a commettere gravi errori di giudizio. Comprenderete anche che dobbiamo essere tutti consci di questa «trappola» nella quale può cadere la mente ed essere consapevoli dei nostri limiti.

Il nostro intuito non è sufficiente a stabilire un rapporto di causa-effetto. Per stabilirlo ci vuole la scienza, con i suoi numeri, il suo metodo, il suo rigore e soprattutto la sua statistica: se il vaccino fosse la causa o in qualche modo un elemento favorente l'autismo, questo si verificherebbe con maggiore frequenza tra i bambini vaccinati rispetto a quelli che non lo sono. Così non è: l'autismo ha frequenza identica tra i bambini vaccinati e non, anche in soggetti particolarmente a rischio come i fratelli dei bambini autistici.

Insomma, la nostra mente ci ha fatto sopravvivere in ambienti ostili come erano quelli ai tempi delle caverne e funziona magnificamente, però non è perfetta. Talvolta cede alla lusinga del raglio del Somaro e si sbaglia: dobbiamo saperlo e, per trarre alcune conclusioni, dobbiamo affidarci alla scienza e ai suoi numeri che ci salvano da pericolosissimi errori, quali usare un condizionatore con la finestra aperta o – molto peggio – non vaccinare nostro figlio immaginando rischi che non esistono.

Senza l'aiuto della scienza corriamo il pericolo di basarci su correlazioni che non hanno alcun fondamento e di fare la fine del «tacchino induttivista», che si basava solo e solamente su osservazioni particolari e non conosceva né quanto è facile ingannarsi, né quanto è importante la scienza, con i suoi limiti e la sua imperfezione, per farci distinguere la bugia da quello che abbiamo di più vicino alla verità.

Fin dal primo giorno questo tacchino osservò che, nell'allevamento dove era stato portato, gli veniva dato il cibo alle 9 del mattino. E da buon induttivista non fu precipitoso nel trarre conclusioni dalle sue osservazioni e ne eseguì altre in una vasta gamma di circostanze: di mercoledì e di giovedì, nei giorni caldi e nei giorni freddi, sia che piovesse sia che splendesse il sole. [...] Finché la sua coscienza

[...] non fu soddisfatta ed elaborò un'inferenza induttiva come questa: «Mi danno il cibo alle 9 del mattino». Purtroppo, però, questa concezione si rivelò incontestabilmente falsa alla vigilia di Natale, quando, invece di venir nutrito, fu sgozzato.

4

Il trapano e la scienza

Prendere un raglio per pura verità è molto più semplice di quanto non si pensi: analizzare i dati è ben più complesso, per nulla intuitivo e bisogna affidarsi a criteri statistici molto rigorosi, altrimenti è facile passare dalla parte dei Somari.

In particolare un tranello molto insidioso deriva dalla tendenza a esaminare un numero ristretto di casi partendo da una singola segnalazione: quello che accadde per esempio a McFarland, una piccola cittadina californiana, dove negli anni Ottanta una mamma, dopo aver visto diagnosticato a suo figlio un tumore, si accorse che altri quattro bambini che abitavano non troppo lontano da casa sua erano affetti dalla stessa terribile malattia. Ben presto i medici ne identificarono altri quattro e questo bastò ad allarmare i cittadini, visto che la popolazione totale di McFarland era di 6400 abitanti e il tasso di incidenza di tumori infantili risultava quattro volte quello atteso. La stessa cosa accadde nel 1990 a Los Alamos, in New Mexico, quando un pittore, Tyler Mercier, si accorse di sette casi di tumore cerebrale tra i residenti di un piccolo quartiere della città. Essendo questo il luogo dove era stata sviluppata la bomba atomica, la gente cominciò a pensare che ci fosse qualcosa di pericoloso nell'acqua o nel terreno. Non vi sarà difficile immaginare la preoccupazione dei residenti e la richiesta di indagini approfondite. Che però, una volta eseguite, nonostante le aspettative smentirono la presenza di qualunque anomalia con inequivocabili analisi statistiche. Quel numero di casi di tumore non aveva, malgrado le apparenze, nulla di strano.

Il fatto è che la mente umana, come abbiamo già detto, può commettere degli sbagli. Uno di questi è la tendenza irrinunciabile a trarre conclusioni a partire da dati che appaiono in piccole popolazioni e che, a un'analisi più approfondita, si rivelano essere irrilevanti e sono solo normali variazioni statistiche. Questo non vale soltanto per le malattie, dove siamo coinvolti profondamente dal punto di vista emotivo, ma anche per altre questioni più futili. Io ho molti amici che amano la pallacanestro e sostengono che in certe fasi di gioco il loro gioca-

tore preferito ha la «mano calda», intendendo che
in determinati momenti i cestisti si trovano in un
particolare stato di grazia psicofisico che li porta a
infilare molti più canestri del dovuto. Ebbene, alcuni studiosi hanno analizzato tutte le partite della
stagione 1980-81 dei Philadelphia 76ers, e una tren-
tina dei New Jersey Nets e dei New York Knicks. I
numeri mostrarono che i momenti di «mano calda»
non esistevano: dopo due o tre canestri consecuti-
vi, le probabilità che un giocatore segnasse il tiro
successivo non erano superiori a quelle dopo una
serie di errori; in generale, i canestri e gli errori erano sempre quelli che ci si poteva attendere data la
bravura del giocatore. Nonostante questo non esiste nessun appassionato di basket, sia esso tifoso,
allenatore o giocatore, che sia disposto ad accettare
che la «mano calda» non esiste.

Beninteso, il notare la concentrazione di casi non
è un evento trascurabile: se è vero che nei due episo-
di che ho raccontato (e in tanti altri) non è stata tro-
vata nessuna rilevanza statistica, molte volte un'iniziale osservazione è stata cruciale per fare scoperte
importantissime.

In un villaggio turco chiamato Karin la concentrazione di venticinque casi di mesotelioma – un
raro e grave tumore della pleura, il tessuto che rico-

pre il polmone – ha consentito di individuare una nuova sostanza fortemente cancerogena, contenuta nell'erionite, un minerale abbondante nel suolo di quel luogo; la descrizione a Los Angeles di cinque casi di una rarissima polmonite provocata da un microrganismo chiamato *Pneumocystis carinii* (ora *Pneumocystis jirovecii*) in giovani omosessuali ha dato il via alla ricerca che ha poi condotto alla scoperta del virus HIV, alla diagnosi e infine alla cura dell'AIDS.

Insomma, da un lato i piccoli numeri ci possono ingannare, dall'altro possono essere la fonte di una scoperta di cruciale importanza: come fare?

Semplice. L'intuito non basta: ci vuole la scienza. Che con i numeri, il metodo, la rigorosa analisi statistica è in grado di dirci con ragionevole certezza se siamo in presenza di qualcosa di anomalo che vale la pena investigare ulteriormente o di una semplice variazione dovuta al caso.

Capisco che sia difficile, come diremo poi, opporre i freddi dati della scienza che derivano da complicate (e incomprensibili ai più) analisi statistiche ai genitori di McFarland che dichiaravano al «Los Angeles Times»: «Quanti dei nostri bambini devono ancora morire?», magari istigati da avvocati che speravano di poter intentare e vincere cause milionarie, ma la dura realtà è che solo con la scienza siamo in grado di sapere come stanno davvero le cose.

Non vi fidate della scienza? Se fossi cattivo vi suggerirei di ripeterlo su un'ambulanza che vi porta al pronto soccorso con i sintomi di un infarto, siccome sono buono mi basta che abbiate il coraggio di ribadire la vostra sfiducia sulla sedia del dentista, rifiutando l'anestetico sviluppato e validato dalla scienza e accettando mezz'ora di atroci dolori per la cura e l'otturazione di quel molare cariato.

Sono sicuro che dopo cinque secondi di trapano la fiducia nella scienza vi tornerebbe istantaneamente.

5

Giorgione l'inventore

Il metodo della scienza è razionale: è il
migliore che abbiamo. Perciò è razionale
accettare i suoi risultati; ma non nel senso di
confidare ciecamente in essi: non sappiamo
mai in anticipo dove potremmo essere
piantati in asso.

K. Popper, *Poscritto alla Logica della
scoperta scientifica*

Sono cresciuto in una piccola cittadina di provincia, che come tutte le piccole cittadine di provincia
aveva nella piazza centrale un bar, popolato di tipi
bizzarri e divertenti che trascinavano nell'ozio i loro
pomeriggi. Nel bar, ovviamente, tutti erano convinti di avere non solo il diritto, ma financo il dovere di
esprimere un parere sull'operato del commissario
tecnico della nostra Nazionale, ritenendo di essere
in grado di fornirgli decisivi consigli e di poter alle-
nare e gestire la squadra molto meglio di lui. Non
pochi, più dotati, estendevano questa generosa
somministrazione di suggerimenti anche agli spor-
tivi più affermati e li ricordo durante incontri di pu-
gilato gridare a squarciagola davanti allo schermo

televisivo, quasi che l'entusiasmo, insieme alla necessità pressante del suggerimento tecnico, potesse magicamente percorrere a ritroso le onde radio per sprigionarsi infine a bordo ring dall'obiettivo della telecamera fornendo al pugile elementi indispensabili per la vittoria. Alcuni, i più saggi, trovavano infallibili quanto geniali soluzioni a problemi come il conflitto mediorientale, il terrorismo politico che in quegli anni insanguinava l'Italia, l'inquinamento e la fame nel mondo.

Il figlio del gestore del bar ci chiedeva giustamente perché questi signori non venissero convocati dall'ONU, e noi più grandicelli glielo spiegavamo con cortesia. Mi piacevano tutti, questi avventori, e con loro passavo pomeriggi lieti alla faccia delle proibizioni di mio padre, che non voleva frequentassi il bar (per fortuna non ho seguito il consiglio, con l'avvento di internet è stata un'importante scuola di vita). Però tra i tanti personaggi il mio preferito era Giorgione l'inventore.

Giorgione – corpulento, rubizzo, grigio di capelli e con un eloquio forbito certamente inusuale per una persona che non aveva studiato – narrava a tutti la sua atroce disavventura. Infatti, raccontava, aveva ideato e infine disegnato il motore della Fiat 500; ma il progetto gli era stato disonestamente rubato dagli Agnelli, che ne avevano fatto la base del successo planetario della piccola utilitaria. Per convincerci della veridicità del suo racconto, per asseverare le sue affermazioni e per dimostrarci la vera paternità di quell'idea, riproduceva perfettamente con la bocca il rumore del motore da lui progettato, e in tal modo tentava di convincere gli astanti della ruberia perpetrata nei suoi confronti. La scenetta finiva con gli avventori del bar che gli davano ragione e gli offrivano un bicchiere di vino nel quale annegare l'amarezza, e dopo il primo sorso Giorgione si riprendeva dal disappunto raccontandoci, sempre con quel singolare modo di parlare, del nuovo progetto che riguardava la costruzione di un aeroporto nel greto del fiume che attraversava il paese, rassicurandoci che questa volta non avrebbe consentito a nessuno di depredarlo delle sue idee, ma la cosa finiva senza ulteriori strascichi.

Adesso, con la disponibilità di internet, le cose sarebbero andate molto diversamente: Giorgione avrebbe aperto un sito, sarebbe entrato in contatto con un tedesco derubato dalla Porsche del progetto del motore della 911, con un francese vittima di un simile furto da parte della Renault, con un inglese defraudato dalla Rolls-Royce e magari anche con uno statunitense irriconosciuto progettista dei motori del razzo Saturn V che ha portato gli astronauti sulla Luna. Avrebbero trovato ammiratori convinti delle loro teorie, iniziato a scrivere lettere rabbiose agli amministratori delegati delle aziende e forse anche al presidente degli Stati Uniti, per ricordargli che, se sulla Luna si trova una bandiera americana, si doveva dire grazie a loro. Per ultimo, sicuramente, li avrebbe notati pure qualche avvocaticchio a corto di lavoro che li avrebbe convinti, prospettando un sicuro successo, a intentare una causa per potersi rifare dei danni. Solo il mio inestinguibile ottimismo mi porta a sperare che non avrebbero trovato un giudice a dargli ragione nel processo, ma non ne sono proprio sicuro.

La gente si aggrega per similitudine di idee e ama sentirsi dire che ha ragione: negli anni delle forti contrapposizioni politiche nel nostro Paese, chi votava PCI leggeva «l'Unità» e chi votava MSI il «Secolo d'Italia»; allo stesso modo ogni appassionato di calcio si iscrive al club della propria squadra del cuore per condividere con altri la sua passione sportiva, e non a quello degli avversari.

Internet ha ampliato a dismisura la platea di possibili connessioni, rendendola sostanzialmente universale. Giorgione non riusciva a mettersi in contatto con i suoi compagni di sventura, visto che non

aveva neanche la patente e girava con una scoppiet-
tante Ape Piaggio 50 di colore azzurro che andava
a miscela ed era dotata di una minima autonomia,
per cui doveva fermarsi al bicchiere di vino. Al contrario, chi oggi è convinto che l'autore del libro che
avete in mano sia un alieno rettiliano proveniente
da Alpha Draconis, o una reincarnazione di Edward
Jenner, può tranquillamente aprire un sito e trovare
altre persone che, pensandola allo stesso modo, si
rafforzeranno reciprocamente nella convinzione di
non essere dei babbei.

Non solo: i motori di ricerca, attraverso sistemi
complessi quanto efficaci, vogliono che noi entria-
mo il più possibile nei siti, si ricordano delle nostre
preferenze e con perfidia mefistofelica tendono a
riproporci quanto ci interessa, fedeli al principio
che chi tifa Lazio non clicca su www.forzaroma.it.
Provate a cercare un tagliaerba in un negozio online
e sarete sommersi per i giorni a venire di pubblicità
riguardanti il giardinaggio come se foste il respon-
sabile del Giardino di Boboli. Insomma, abbiamo
una tendenza naturale ad aggregarci con chi la pensa come noi: internet la fomenta e ne aumenta le
potenzialità permettendoci di interagire senza difficoltà, confermandoci nelle nostre convinzioni, seppure sbagliate.

Ma rifugiandoci nelle poche cose che crediamo di sapere, isolandoci, frequentando solo chi ci dà ragione, rifiutando per pigrizia o per paura il confronto, impediamo solo alla nostra civiltà di progredire.

La scienza non è democratica, ma non dovete in alcun modo immaginare che le conclusioni che raggiunge siano dei dogmi immutabili: è vero l'esatto contrario, perché quello che non può essere confutato non ha nulla a che fare con la scienza.

La verità scientifica è qualcosa che si muove, cambia e si modifica in continuazione. In tutto il mondo, ogni giorno, centinaia di scienziati si impegnano con fatica per dimostrare che quello che si sa è incompleto, imperfetto, addirittura sbagliato. Ognuno di loro, in questo processo, sposta un centimetro più avanti la frontiera della conoscenza, che cresce continuamente e ci porta a sapere di più, e a potere di più. Per questo hanno gioco facile i Somari neo-oscurantisti quando dicono che tante verità scientifiche di un tempo si sono dimostrate false e che tante decisioni e terapie mediche che si basavano sulla scienza non erano corrette: perché hanno ragione.

Tuttavia quello che bisognerebbe dir loro e spiegare con pazienza è che la scienza non ha la pretesa di affermare ciò che è giusto per sempre: quelli sono i dogmi che, per l'appunto, con la scienza non hanno nulla a che fare. La scienza ha l'umiltà di suggerirci ciò che in quel particolare momento, con le conoscenze di cui si dispone, è la cosa meno sbagliata e più vicina alla verità.

Se ci pensate, non è poco.

6

Bucare le gomme ai virus

> Non il possesso della conoscenza, della
> verità irrefutabile, fa l'uomo di scienza,
> ma la ricerca critica, persistente e inquieta,
> della verità.
>
> K. Popper, *Logica della scoperta scientifica*

Come si forma, in concreto, la conoscenza scientifica? Da dove parte, come procede e dove arriva? Quando sentite un medico, un ingegnere, un chimico pronunciare la frase «sulla base della mia esperienza personale», fuggite il più lontano possibile. L'osservazione individuale, il guizzo di genio, l'intuito, l'idea innovativa non sono il punto di arrivo, ma il punto di partenza per il formarsi della conoscenza. Molte interessanti scoperte mediche sono partite da un'osservazione acuta della realtà – pensate a Fleming, lo scopritore della penicillina, che la identificò a partire da una dimenticanza – ma a questa osservazione è poi seguito un rigoroso e metodico lavoro che ha consentito di confermare, con i numeri, quella che all'inizio era solo un'ipotesi. Questa conferma, nel mondo scientifico, avviene in un modo molto semplice: mettendo a disposizione di tutta la comunità i metodi che sono stati seguiti e soprattutto i risultati ottenuti, in modo che qualunque altro scienziato possa riprodurli, confermarli o smentirli e naturalmente – se confermati – utilizzarli a sua volta per estendere la nostra conoscenza. Tutto ciò avviene non sui siti internet, e neanche attraverso la registrazione di video da postare su YouTube, ma mediante la pubblicazione dei risultati degli esperimenti su riviste scientifiche e attraverso discussioni ai congressi. Per far capire meglio come questo avviene, facciamo un esempio, partendo dalla mia personale avventura nel mondo della scienza.

Il virus dell'epatite C è un nemico temibile: causa un'infezione del fegato che può durare per tutta la vita e nei pazienti infettati spesso provoca malattie gravissime, come la cirrosi epatica o tumori maligni. Non si trasmette con uno starnuto o una stretta di mano; l'infezione si diffonde con grande difficoltà e per eventi in qualche modo eccezionali: viene trasmessa al bambino dalla propria mamma durante la gravidanza o con uno scambio di sangue, una trasfusione, un ago infetto. Può accadere anche con i rapporti sessuali, ma molto raramente. Prima del 1989 non sapevamo neanche che questo virus esistesse, per cui negli anni precedenti ci trovavamo in una situazione molto pericolosa: non c'era modo di identificare i pazienti infetti ed escluderli dalle donazioni di sangue o prendere particolari precauzioni. Questo, insieme all'uso scorretto delle siringhe, ha fatto sì che nel mondo, nel 2005, ci fossero oltre 100 milioni di pazienti infettati da questo virus, in grado a loro volta di infettare gli altri. Un bel guaio.

Il virus dell'epatite C è molto diverso dai virus ai quali siamo abituati, come per esempio quello del morbillo. Il virus del morbillo è estremamente contagioso, basta uno starnuto in una stanza affollata e le persone che non sono immuni saranno infettate: pensate che un malato riesce a trasmettere l'infezione a oltre il 90% delle persone con le quali viene a contatto. Se pensate alle modalità di trasmissione del virus dell'epatite C, invece, capite facilmente che questo patogeno è molto meno efficiente nel trasmettersi da un paziente all'altro. La grandissima parte degli individui che incontrano un malato di epatite C non contrae la malattia: stare nella stessa stanza con un malato di morbillo per un breve momento ci farebbe ammalare (naturalmente se non siamo vaccinati!), mentre lavorare gomito a gomito sulla stessa scrivania per dieci anni con un malato di epatite C non ci infetterebbe.

Questa diversa facilità di trasmissione fa sì che, mentre il morbillo può permettersi di rimanere nel corpo di un paziente solo qualche giorno, il virus dell'epatite C deve rimanerci per anni, perché sono proprio anni quelli che servono affinché un evento molto raro – il contagio – possa avvenire. Dunque, il morbillo riesce a trasferirsi in un nuovo paziente prima dell'arrivo dell'offensiva del sistema immunitario; invece il virus dell'epatite C non fa in tempo a scappare, ha bisogno di rimanere a lungo nel nostro organismo e deve trovare il modo di sfuggire all'attacco delle nostre difese che faranno di tutto per sconfiggerlo.

Come fa? Semplice: mutando in continuazione e ingannando i sistemi che nel nostro organismo devono difenderci dai virus. Quando il nostro sistema immunitario vede il virus lo attacca, ma il virus muta, diventa diverso; il sistema immunitario lo attacca di nuovo, e lui muta ancora e così via, in un «rimpiattino molecolare» che alla fine fa sì che nel sangue di un paziente non ci sia più un solo virus dell'epatite C (come accade nei malati di morbillo) ma una «nuvola» di virus, ognuno diverso dall'altro, che è riuscita, nella grandissima parte dei casi, a ingannare le nostre difese e a consentire la replicazione perpetua del virus.

Capite perché il virus dell'epatite C è un avversario molto più insidioso del virus del morbillo: mentre quest'ultimo non ha imparato a ingannare il sistema immunitario (e infatti chi ha preso il morbillo una volta non lo prende più), il virus dell'epatite C si è specializzato nello sfuggire alle nostre difese e questo rende particolarmente difficile anche lo sviluppo di un vaccino efficace.

Questa enorme variabilità aveva fatto pensare, durante gli anni Novanta (il virus era stato identificato nel 1989), che fosse impossibile mettere a punto un vaccino contro il virus dell'epatite C. Fra le altre cose, si era per esempio ipotizzato che il nostro sistema immunitario non fosse capace di produrre anticorpi (le molecole che bloccano i virus) in grado di riconoscere tutte le diverse varianti della nuvola virale, fatto confermato dall'osservazione che i pazienti che non guariscono sono strapieni di anticorpi diretti contro il virus, e che i pochi fortunati che riescono a guarire non sono comunque immuni nei confronti di una nuova infezione.

Bene, qui arrivai io, che mi convinsi di una cosa: è vero che i virus dell'epatite C sono diversi tra loro, ma io mi impuntai nell'idea che dovessero necessariamente avere qualcosa in comune. Le auto sono molto differenti l'una dall'altra, ma tutte, dalla Formula 1 alla 500 di Giorgione, si assomigliano in una cosa: le ruote, che devono essere rotonde altrimenti l'auto non si muove. In effetti, se ci pensate, la forma dei fari, degli specchietti, delle maniglie e persino del volante può essere variabile. Ma le ruote no. Sono sempre rotonde, perché hanno una funzione che dipende dalla loro forma. Ebbene, mi sono detto, anche il virus deve avere delle ruote: una struttura molecolare che se viene modificata ne impedisce il funzionamento. Sicuramente quel mascalzone del virus – essendo questa struttura il suo tallone d'Achille – la tiene ben nascosta al sistema immunitario e fa di tutto per distogliere l'attenzione delle nostre difese da questo suo punto debole: ma io mi convinsi che il punto debole c'era e che dovevo trovare gli anticorpi in grado di colpirlo. Senza dubbio gli anticorpi diretti contro il tallone d'Achille del virus erano pochissimi e prodotti magari solo dai fortunati che riuscivano a liberarsi dal virus: ma se io li avessi individuati e fossi riuscito a isolare i loro geni (le sequenze di DNA che contengono le istruzioni per produrre gli anticorpi, che sono proteine), avrei potuto sintetizzarli in laboratorio e somministrarli a tutti. Un po' come fotocopiare un biglietto vincente della lotteria per far arricchire tutti quelli che ne hanno bisogno. Ma gli anticorpi contro il punto debole del virus non solo erano pochi: altrettanto certamente erano nascosti tra milioni di altri anticorpi meno efficaci, se non dannosi. Insomma, molto peggio di un ago in un pagliaio. Però, se c'erano, io dovevo trovarli: oltre a fornire una migliore conoscenza della malattia, la loro identificazione avrebbe consentito di pensare a un vaccino in grado di far produrre ai pazienti proprio questi anticorpi «magici», e a quel punto la nuvola di virus non sarebbe stata più un nemico invincibile.

La prospettiva era affascinante, ma come dimostrarla? Tra il dire e il fare, nella scienza, non c'è di mezzo il mare, ma tanto, tanto, tanto, tanto lavoro. Però io non mi scoraggiai.

Prima di tutto, con sistemi talmente complicati e astrusi che non vi racconto e che prevedono la costruzione di virus artificiali (tranquilli, infettano solo i batteri e non l'uomo), sono riuscito a costruire una «biblioteca» che conteneva tutti gli anticorpi di un paziente che era stato infettato dal virus dell'epatite C. A questo punto avevo il pagliaio, ma per trovare l'ago mi sono dovuto inventare una «calamita» che sapesse – tra l'infinità di anticorpi che conteneva la mia biblioteca – individuare quelli in grado di riconoscere le «ruote» del virus e isolarli in una provetta. Una volta inventata la calamita, il la voro non era finito: bisognava dimostrare che questi anticorpi erano effettivamente in grado di bloccare ogni tipo di virus. Qui è facile scriverlo, ma nella realtà bisognava prendere i geni degli anticorpi selezionati e convincere alcuni batteri a produrne in grande quantità (finalità raggiunta ovviamente con l'inganno: al batterio ho fatto credere che fossero proteine indispensabili per nutrirsi, invece erano i miei anticorpi!) e poi condurre esperimenti molto complicati. Ma gli anticorpi «magici», quelli che il virus dell'epatite C avrebbe certamente odiato, alla fine c'erano o no?

C'erano. Grazie a dei bravissimi collaboratori e a un Maestro (che ora è mio collega e mio preside) che mi diede la fiducia e i mezzi per lavorare nonostante lo scetticismo di chi riteneva che questi anticorpi non esistessero e che il mio lavoro fosse solo uno spreco di tempo e di denaro (non pensate che il mondo della scienza sia perfetto: ne riparleremo, è fatto di uomini con le loro debolezze), io riuscii a individuare questi anticorpi, isolarne i geni, produrli e dimostrare non solo che le ruote c'erano, ma anche che gli anticorpi che le riconoscevano erano effettivamente in grado di bloccare la grandissima parte dei virus di quella nuvola che si trovava nei pazienti.

A questo punto cosa ho fatto? Ho fatto quello che fanno tutti i ricercatori che pensano di aver scoperto qualcosa di importante. Ho descritto passo per passo tutto il mio lavoro, nel modo più accurato e completo possibile, indicando nel dettaglio gli esperimenti che avevo eseguito e riportandone i risultati. Questo, insieme alle premesse dalle quali ero partito e alle mie personali riflessioni sull'implicazione che poteva avere il risultato da me ottenuto, l'ho scritto in un articolo che ho inviato a una rivista scientifica.

Qui, come sa chi si occupa di scienza, è cominciata la *via crucis*. Prima di tutto il direttore della rivista (che si chiama *editor*) ha valutato se il mio lavoro era abbastanza importante per essere pubblicato. Ovviamente chi dimostra che dormire in un letto con le coperte color pervinca non diminuisce il tempo di guarigione dell'influenza o che mangiando molto si aumenta di peso non ha fatto una grande scoperta e si troverebbe verosimilmente rifiutata la pubblicazione. Nel mio caso non fu così: il dato ottenuto era inaspettato e importante, quindi superai il primo filtro. Però sappiate che riuscire a veder pubblicato un lavoro su un giornale prestigioso è come un videogioco dove, superato il primo livello, ne arriva un altro ancora più difficile:

ci sono i *referees*, termine inglese con il quale si indicano quelli che ufficialmente giudicano la qualità del tuo lavoro e valutano se è adeguato alla pubblicazione (in realtà, si impegnano con un'incredibile tenacia per dimostrare che quello che hai fatto è sbagliato). Il direttore della rivista, infatti, invia il tuo articolo a tre o quattro scienziati espertissimi dell'argomento che, coperti dall'anonimato, iniziano a fare le pulci a ogni parola che hai scritto. Non mettono in dubbio i risultati (di quelli si fidano, e vedremo perché), ma vogliono essere sicuri sia che le osservazioni siano state condotte in modo tale da permettere di fidarsi dei dati ottenuti, sia che i metodi seguiti siano descritti in maniera sufficientemente completa da consentire ad altri ricercatori di ripetere gli esperimenti. Quando questo doloroso processo di critica e correzione arriva a buon fine – e, credetemi, non è per niente facile – finalmente l'articolo appare sulla rivista e tutti gli scienziati del mondo possono leggerlo.

Questo è il cuore della ricerca scientifica: la condivisione. Nel momento in cui il mio articolo è stato pubblicato tutti i ricercatori hanno potuto leggere non solo che i pazienti producevano anticorpi «magici» contro il virus dell'epatite C e che questo virus aveva delle ruote, ma potevano pure provare a dimostrare la stessa cosa. Capite adesso perché dei risultati ci si fida sulla parola: perché, se sono falsi, quando qualcuno proverà a ripetere gli esperimenti avrà risultati differenti, la discrepanza salterà fuori e il ricercatore che ha sbagliato (in buona o cattiva fede) ci farà una figuraccia. Nel mio caso, per fortuna, questo non avvenne: altri ricercatori – anche con metodi diversi – confermarono che gli anticorpi «magici» c'erano e, ringraziando il cielo, la figuraccia mi fu risparmiata.

Quindi, per distinguere le scemenze dalle affermazioni attendibili, bisogna che le affermazioni siano supportate da lavori scientifici. È sufficiente? Purtroppo no. Non tutti i lavori scientifici sono sottoposti allo stesso rigoroso processo di selezione; esistono addirittura riviste che pubblicano a pagamento qualunque sciocchezza. Nel luglio 2017 un ricercatore è riuscito a pubblicare su ben tre riviste «scientifiche» un articolo sul funzionamento e le proprietà dei *midi-chlorian*, le forme di vita microscopica che nell'universo di *Star Wars* sono responsabili della sensibilità verso la Forza e sono diffuse nelle cellule di tutti gli organismi viventi. Si trattava di un testo parodistico che, come sostiene lo stesso autore, avrebbe dovuto essere respinto dopo cinque minuti di lettura («due se il lettore avesse avuto una minima familiarità con *Star Wars*»): era stato ottenuto riprendendo la pagina di Wikipedia sui mitocondri e sostituendo la parola *mitochondrion* con *midi-chlorian*; era infarcito di rimandi evidenti a *Star Wars*, dal nome dei due autori, presunti ricercatori dell'Università del Saskatchewan, Lucas McGeorge (cioè George Lucas) e Annette Kin (Anakin Skywalker), ai riferimenti alla «neuropatia ottica ereditaria da spada laser»; e sosteneva, per esempio, che i *midi-chlorian* «ci parlano continuamente, indicandoci il volere della Forza... Quando imparerete a mantenere la mente in uno stato di quiete li sentirete».

Dunque non è sempre facile, per un profano, capire se un lavoro scientifico è condotto in maniera rigorosa o no. Una buona regola è quella di prendere in considerazione la reputazione della rivista: quelle che sono considerate serie assicurano uno scrupoloso processo di valutazione che consente di fidarsi di quanto pubblicato.

Ma, direte voi, gli anticorpi «magici» che destino hanno avuto? Hanno permesso alla fine di produrre un vaccino contro il virus dell'epatite C? Purtroppo no: da un lato è stato impossibile – almeno finora – mettere a punto un sistema in grado di farli produrre al paziente e, anche se ci si fosse riusciti, non sarebbe finita lì. Avremmo dovuto dimostrare che, nella realtà, il virus dell'epatite C non è in grado di viaggiare speditamente anche con le ruote quadrate, cosa che – considerata l'incredibile capacità di adattarsi di questo virus – non può essere esclusa.

Quindi, verrebbe da pensare, il lavoro è stato inutile? No. Tanti ricercatori hanno preso ispirazione da quello che abbiamo fatto (come noi avevamo preso ispirazione da altri), l'hanno applicato ad altre infezioni, hanno cercato e trovato anticorpi «magici» contro diversi virus e per alcuni di questi la speranza che possano portare allo sviluppo di un vaccino efficace è concreta. Altri ancora hanno adattato i metodi che io mi ero inventato per scoprire gli anticorpi «magici» e con intelligenza li hanno utilizzati in campi completamente diversi, ottenendo risultati importanti; alcuni miei allievi, infine, si sono serviti con successo degli anticorpi «magici» per studiare la struttura del virus dell'epatite C e provare a sviluppare nuovi farmaci in grado di contrastarlo.

E il virus dell'epatite C che fine ha fatto? È nei guai: il vaccino non l'abbiamo trovato, ma sono state messe a punto cure che sono in grado di guarire la quasi totalità degli ammalati da questa infezione:

i pazienti liberati dal virus non solo non correranno più il rischio di contrarre gravissime malattie, ma non potranno neppure più trasmettere l'infezione.

Quindi, grazie a questi farmaci (purtroppo ancora molto costosi, ma speriamo in un futuro migliore), abbiamo dato e possiamo dare un duro colpo all'infezione. Ma è un colpo mortale? Non ancora, perché in campo virologico la «quasi totalità» non è abbastanza, in quanto significa che il virus potrà continuare a circolare. Per questo si stanno sviluppando nuove miscele di medicinali, e gli anticorpi «magici», prodotti e somministrati ai pazienti come se fossero un siero, sono adesso utilizzati proprio nella messa a punto di queste nuove strategie.

Questo è il bello della scienza: migliaia di ricercatori che lavorano, condividono le loro scoperte, si confrontano, discutono, sbagliano, litigano, ma alla fine ognuno di loro fa fare un piccolissimo passo avanti alla nostra conoscenza; scoperte fatte per uno scopo che finiscono per averne uno completamente diverso e salti spiccati da un trampolino costruito in decenni di lavoro apparentemente inutile che di colpo acquista un senso agli occhi di tutti.

È un processo caotico, imperfetto, difficile da capire e da accettare. Diverso dai ragionamenti perfetti, impeccabili, lineari degli oscurantisti che pubblicano le loro verità non su riviste scientifiche, ma su YouTube.

Però dagli oscurantisti viene solo il buio, mentre dall'imperfetta scienza viene la luce e, per quanto fioca e tremolante possa essere, ha illuminato e reso il nostro mondo migliore nelle ultime centinaia di anni.

7

La cura dell'acqua

Quando leggete qualcosa su internet, dunque, se viene da uno scienziato serio in linea di massima potete crederci perché ha una reputazione da difendere. Siccome nella scienza si lavora molto sulla fiducia, per un ricercatore la reputazione è tutto e farà quanto possibile per mantenerla, altrimenti nessuno gli crederà più. Ma come fare a distinguere uno scienziato serio da un cialtrone? All'apparenza sembra difficile, ma non è così.

Come fate a distinguere un bravo calciatore da un millantatore? Semplice: il bravo calciatore gioca in una squadra di calcio. Magari non in serie A, ma non palleggia da solo contro il muro sotto casa. Se qualcuno vi dice di essere più bravo di Leo Messi e per provare quest'affermazione vi invita a guardare un suo video su YouTube, voi qualche dubbio dovete averlo. Allo stesso modo, uno scienziato che vi dice di aver fatto una grandissima scoperta e di averla pubblicata nel suo sito internet deve invitarvi al più grande scetticismo. Io non so il tedesco, e chiunque può farmi credere di saperlo perfettamente; ma se si presenta davanti al mio amico Alois che lo ha come madrelingua, è difficile che la passi liscia. Per questo, siccome nelle riviste gli articoli vengono valutati da persone che se ne intendono, il cialtrone è individuato immediatamente, viene cacciato a pedate e rimane su internet a fare la vittima, posando a genio incompreso e ostacolato dalla società ingiusta.

Inoltre, così come il bravo calciatore appartiene a una squadra, il bravo violinista a un'orchestra e il bravo pilota a una scuderia di Formula 1, lo scienziato serio è sempre affiliato a un importante centro di ricerca o insegna in una buona università, oppure, se medico, lavora in un grande ospedale. Insomma, così come la squadra del calciatore non accetterebbe di avere una schiappa in formazione, perché gli farebbe perdere le partite; così come la Filarmonica della Scala non mi farebbe suonare il violino perché con le mie stecche farei scappare gli spettatori, allo stesso modo l'ospedale o l'università non chiama (o non tiene) nei suoi ranghi il cialtrone perché ne perderebbe in reputazione.

Un elemento molto importante, poi, è che i lavori scientifici vengano «citati». Cosa significa «citare» un lavoro scientifico? Significa prendere spunto dai dati o dalle metodiche in esso contenuti per fare ulteriori scoperte. Immaginiamo che un ricercatore abbia individuato un cemento molto più efficace e resistente e l'abbia descritto in un lavoro: nel momento in cui quel cemento viene utilizzato da un ingegnere per costruire con successo un grattacielo si ha una conferma indiretta che la prima scoperta non era una balla, e questo ingegnere citerà nel suo progetto il lavoro del ricercatore che ha scoperto il cemento. Certo, non si può dire che chi ha più citazioni è automaticamente più bravo: però il numero di citazioni, inserito in una valutazione più ampia, è un criterio sempre utilizzato dalle università di tutto il mondo quando vogliono chiamare in cattedra un professore.

Ovviamente il cialtrone non ha alcuna citazione: quello che pubblica su YouTube o su riviste miserande è falso o irrilevante e nessuno lo prende in considerazione, in quanto non esiste nessun ricercatore così fesso da mettersi a lavorare sulle scemenze di un altro sprecando il proprio tempo e il proprio denaro.

Il cialtrone lavora sempre da solo, ed è sempre

un genio incompreso che viene ostacolato da tutto il mondo che è contro di lui, e non di rado vi chiede dei soldi per continuare nella sua coraggiosa battaglia per la verità. Dice di aver fatto scoperte eccezionali, ma i conti non tornano. Per esempio, c'è chi dice di aver scoperto che i vaccini sono contaminati da sostanze pericolose. Questa, se fosse vera, sarebbe la scoperta più importante degli ultimi vent'anni, in quanto tutto il mondo ritiene i vaccini sicurissimi (ed efficacissimi) e, se effettivamente fossero contaminati, sarebbero messi in pericolo ogni anno milioni di bambini. Insomma, se i dati fossero convincenti, questo signore sarebbe candidato alla fama, alla gloria, alla ricchezza e probabilmente anche a un premio Nobel. Perché – se non si è inventato tutto – invece di pubblicare i suoi dati sulla più prestigiosa delle riviste scientifiche continua a berciare sulla sua pagina Facebook e ha affidato le proprie scoperte a un giornale di infima caratura (il genere lo abbiamo già descritto prima) che pubblica qualunque cosa a pagamento? Insomma, se uno afferma di avere in mano un lingotto d'oro, perché invece di venderlo come oro accetta di venderlo come piombo? I casi sono due: o il lingotto non è d'oro, o il possessore del lingotto è un babbeo. Anzi, i casi sono tre: bisogna anche considerare l'ipotesi che il lingotto sia di piombo e il suo possessore un babbeo.

Per quanto riguarda i medici, distinguere il cialtrone dovrebbe essere più semplice, soprattutto da quando l'Ordine ha preso la buona abitudine di radiare i peggiori. Nelle more di ulteriori provvedimenti, comunque, diffidate di chiunque utilizzi la frase «nella mia esperienza»: quel tipo di medicina per fortuna non esiste più e non dobbiamo averne nostalgia, visto che, da quando la scienza medica ha preso il vizio di essere basata su solidi dati, linee guida, studi rigorosi invece che su qualcosa a metà tra l'arte e la filosofia tramandata dalle varie «scuole», l'aspettativa di vita si è allungata notevolmente. Se per nostra sciagura abbiamo un infarto non bisogna fare quello che dice la «scuola di Poggibonsi [sostituire questa amena località con qualunque sede universitaria]», ma ciò che suggerisce la scienza con i suoi numeri freddi e la sua implacabile statistica, altrimenti finisce male.

Personalmente vi consiglio anche una grandissima prudenza con tutti i medici che vi propongono dei rimedi omeopatici. Perché? Di omeopatia dovremmo parlare a lungo, ma liquidiamola con un breve discorso.

La chimica è una scienza che fa funzionare le

nostre vite. Il nostro metabolismo, il motore a scoppio, le lenti a contatto, il vino, il prosciutto, la marmellata, la colla che fa stare insieme questo libro e l'inchiostro con cui è stampato: tutte queste cose esistono (e funzionano) perché la chimica che conosciamo è corretta. La chimica – quella che ha permesso di mettere a punto lo schermo del computer e i suoi microprocessori così come lo shampoo con il quale ci laviamo i capelli – ci dice con assoluta precisione quante molecole ci sono in una data quantità di qualunque materiale. Per esempio ci permette di sapere infallibilmente, grazie al numero che prende il nome dal chimico italiano Lorenzo Romano Amedeo Carlo Avogadro, conte di Quaregna e Cerreto, che in un bicchierino di alcol (etilico) di circa 10 millilitri c'è più o meno un numero di molecole corrispondente a 1 seguito da 23 zeri. Se prendo quel bicchierino e lo diluisco in una bottiglia da un litro piena d'acqua, l'ho diluito cento volte. Quindi, se da quella bottiglia verso 10 millilitri di alcol diluito in un altro bicchierino, le molecole della sostanza dalla quale siamo partiti saranno cento volte meno, vale a dire 1 seguito da 21 zeri. Se diluisco ancora cento volte, le molecole saranno ancora meno (1 seguito da 19 zeri) e via dicendo. Ogni volta che diluisco devo togliere due zeri. L'omeopatia si basa su diluizioni come quelle che vi ho descritto. La diluizione 1CH (o 1C) è una diluizione 1 a 100; la diluizione 2CH significa diluire ancora cento volte la diluizione 1CH e via dicendo.

Per farla breve, quando avete in mano un farmaco omeopatico a una diluizione 15CH (diluita 15 volte per 100 volte), per bere una singola molecola di alcol del bicchierino originale dovreste ingurgitare un'intera piscina olimpica da 50 metri. In realtà le diluizioni omeopatiche sono in genere 30CH, il che richiederebbe la somministrazione di due miliardi di dosi al secondo a sei miliardi di pazienti per quattro miliardi di anni perché un paziente riesca ad assumere almeno una molecola del principio attivo.

A questo punto esistono solo due possibilità: o la chimica che fa funzionare tutto il mondo, compreso lo smalto per le unghie e la produzione della birra, è sbagliata; oppure nelle medicine omeopatiche c'è solo acqua.

Ovviamente, se ci fossero dati che dimostrassero l'efficacia dei farmaci omeopatici (che si basano su una teoria vecchia di centinaia di anni), dovremmo mettere in discussione la chimica che fa funzionare tutto il mondo; ma questi dati non ci sono. Al contrario, tutte le volte che si valuta in maniera rigorosa l'efficacia dei rimedi omeopatici, questa risulta identica a quella del «placebo», termine con il quale si indica l'effetto psicologico indotto dall'assunzione del nulla.

Negli Stati Uniti, dove sulla difesa dei consumatori non si scherza, sulle confezioni delle medicine omeopatiche è obbligatorio scrivere che non esistono evidenze scientifiche che ne dimostrino il funzionamento (tradotto: non funzionano) e che sono basate su una teoria che risale al Settecento. Negli Stati Uniti è anche disponibile da molti anni un premio di un milione di dollari per chi riesce a dimostrare che in un medicinale omeopatico non c'è solo acqua, ma il premio è ancora là.

Dunque, chi vi prescrive (o vende) le medicine omeopatiche o non conosce la chimica (e questo per un medico è un guaio) oppure vi sta scientemente prescrivendo (o vendendo) un medicinale che non contiene letteralmente nulla. Voi fate come vi pare, ma io da certa gente sto lontano.

È vero, tutto questo ha anche un risvolto positivo: siccome le medicine omeopatiche contengono solo acqua, non hanno alcun effetto collaterale. Per cui si possono prendere tranquillamente, a patto di non tentare di sostituire con esse le cure tradizionali che hanno invece un'efficacia ben dimostrata.

Dimenticavo: se qualcuno fa pipì nell'Oceano Atlantico, quella è all'incirca una diluizione omeopatica 10CH – immensamente più concentrata delle diluizioni che trovate in farmacia – per cui è meglio sperare che l'omeopatia non funzioni.

8

Non tutti i Nobel finiscono in gloria

Come regola generale, dunque, fidatevi delle persone che hanno una reputazione, che hanno una posizione, e non dei «lupi solitari» o dei «geni incompresi», che in realtà sono solo, nel migliore dei casi, babbei che il mondo ha compreso benissimo (e relegato al posto che meritano); nel peggiore, truffatori che mettono in pericolo non solo il vostro conto corrente, ma anche la salute vostra e dei vostri cari.

Perché ho scritto «regola generale» e non regola? Perché – come ho detto prima – gli scienziati sono uomini e, come gli uomini, possono anche rimbambirsi e partire per la tangente dicendo immense bestialità.

Tutti, nessuno escluso, sappiamo quanto siano importanti i transistor: sono alla base dei moderni semiconduttori che con computer, smartphone e mille altri aggeggi hanno rivoluzionato (in meglio) il mondo. L'uomo che riuscì a metterli a punto, William Shockley, dopo aver preso il premio Nobel nel 1956, si convinse di dover estendere l'applicazione della sua genialità ad altri campi, arrivando alla conclusione che le persone con la pelle nera sono meno intelligenti a causa dei loro geni. A un giornalista che, per attenuare l'affermazione, gli fece notare che forse questo era dovuto al fatto che avevano un minore accesso all'istruzione, rispose: «Le mie ricerche mi hanno condotto alla conclusione inequivocabile che la causa principale dell'inferiorità intellettiva e sociale dei neri americani è ereditaria, razziale e genetica, e quindi non emendabile in maniera significativa per mezzo di miglioramenti pratici nell'ambiente». Non contento, propose la sterilizzazione a pagamento degli individui (di qualunque colore) con un quoziente intellettivo inferiore alla media. È l'unico premio Nobel ad aver donato a una banca del seme, per cui, se siete convinti che l'intelligenza sia ereditaria, informatevi bene prima di avviare eventuali procedure di inseminazione artificiale.

Se per gli amanti dell'informatica la scoperta più importante è il transistor, la sua versione «biologica» consiste nella PCR, acronimo che significa *Polymerase Chain Reaction* (reazione polimerasica a catena). È una tecnica geniale e fantastica, che permette di moltiplicare in provetta all'infinito una specifica regione di una molecola di DNA. Il suo utilizzo, come quello dei semiconduttori, è quasi infinito. Senza la PCR non potremmo fare la diagnosi veloce delle malattie infettive, non avremmo potuto sequenziare il genoma umano e molti criminali incastrati con la prova del DNA sarebbero ancora liberi di circolare. Grazie a questa metodica abbiamo rivoluzionato la società, per la prima volta rendendo falso il principio che «la madre è certa, il padre sempre incerto»: adesso sono certi entrambi. Non vi stupirà, quindi, che l'inventore di questo formidabile strumento tecnologico, Kary Mullis (che quando vivevo a La Jolla ho avuto il piacere di conoscere di persona a un party, non so se lui abbia in quell'occasione *conosciuto* me), sia stato insignito del premio Nobel nel 1993; al contrario, vi lascerà perplessi il fatto che poco dopo si sia messo a sostenere non solo la teoria secondo la quale l'AIDS non è causato dal virus HIV, ma anche l'utilità delle previsioni astrologiche e dell'uso dell'LSD e di altri allucinogeni.

Abbiamo parlato di DNA e sicuramente non vi sfuggirà che la scoperta che ci ha svelato maggiormente il segreto della vita è stata quella che ha spiegato come è fatta la sua struttura a doppia elica

– composta da molecole appaiate e complementari l'una all'altra – e come sia in grado di duplicarsi e di «istruire» le cellule a produrre le proteine. Dobbiamo questo passo gigante dell'umanità verso la conoscenza a Francis Crick, che per questo vinse il premio Nobel nel 1962. Tuttavia questo brillantissimo scienziato negli anni successivi divenne un propugnatore prima della necessità della sperimentazione umana forzata sui prigionieri, poi dell'ardita e bizzarra teoria secondo la quale la vita sarebbe stata portata sulla terra dagli alieni con un esperimento mal riuscito. La scoperta della struttura del DNA Crick non la fece da solo, ma insieme a James Watson, che infatti vinse con lui il Nobel. Watson non si pronunciò su alieni e prigionieri, ma dopo aver affermato che una donna avrebbe dovuto poter abortire nel caso fosse venuta a sapere di essere incinta di un bambino omosessuale e che sarebbe utile usare l'ingegneria genetica per far nascere solo ragazze belle (poi bisognerebbe mettersi d'accordo sui gusti, però) ci ha spiegato che i latin lover sono tali perché l'eccesso di melanina nelle persone con la pelle scura aumenta il desiderio sessuale.

Non ci stupisce quindi se Luc Montagnier, insignito del premio Nobel per la scoperta del virus che causa l'AIDS, con l'avanzare dell'età si imbarca con gli antivaccinisti e diventa un propugnatore della bufala che lega falsamente l'autismo alle vaccinazioni.

Non possiamo essere severi con chi si fa abbindolare da un Nobel: in Inghilterra le Poste di Sua Maestà, quando nel 2001 emisero una serie di francobolli per celebrare il centenario del premio Nobel, per l'opuscolo di accompagnamento chiesero un breve articolo a Brian Josephson, che l'aveva vinto, per la fisica, nel 1973. Dopo aver tracciato per sommi capi il cammino della fisica nel Novecento, Josephson concluse prospettando la possibilità che la meccanica quantistica conducesse a «una spiegazione di processi non ancora compresi dalla scienza convenzionale quali la telepatia, un'area, questa, in cui la Gran Bretagna è all'avanguardia della ricerca».

Vincere il premio Nobel è un grande riconoscimento per le ricerche che si sono fatte nel passato, ma non è un'assicurazione che nel futuro si sarà immuni dal rimbambimento.

Fidatevi della comunità scientifica, delle società scientifiche, di quello su cui gli scienziati sono d'accordo. È vero che spesso discutono, ma sul fatto che la terra è rotonda ormai nessuno litiga più.

Dunque, si può diffidare di uno scienziato o di un medico. Una singola persona può impazzire, può mentire, può dire cose false per interesse. I manigoldi ci sono in tutte le professioni. Ma della comunità nel suo complesso vi dovete fidare, perché un disonesto ci può essere, ma viene subito emarginato dai fatti. Come si fa a dubitare dell'evoluzione umana degli ultimi secoli? In tutti i settori in cui si esprime l'umano ingegno, scienza inclusa, ci sono stati avanzamenti che nessuno può mettere in discussione. Tanto meno può renderli irrilevanti una singola pecora nera, rimbambita in senilità, oppure che agisce solo per pura avidità.

Ascoltare il tam-tam del Bar Sport, che fa di tutta l'erba un fascio, è molto pericoloso. Pensate a quante orribili malattie non esistono più, grazie alla comunità della scienza e al suo cammino, e non favorite le condizioni perché possano tornare a fare vittime tra noi.

9

«Chi ti paga?»
ovvero
Le multinazionali e il mio conflitto
di interessi

«Ehhhh sì... Caro mio, è tutto un *magna magna*.»

Nei bar, in quelle lunghe pause in cui la conversazione langue, quando si sono esauriti i commenti relativi al campionato di calcio e alle condizioni meteorologiche, per riempire l'orrore del vuoto del silenzio che potrebbe seguire, s'ode infine quella frase. Di solito, conclusiva. Applicata al mio caso, un medico che difende i vaccini, quello che magna sarei io, e l'altro che magna è la casa farmaceutica che produce il vaccino.

Come una pietra tombale, il *magna magna* seppellisce e sigilla ogni possibilità di replica, insinuando che tutto quello che vi dico sia motivato da un semplice tornaconto personale.

Siccome, per esigenze di lavoro, non posso fare una tournée dei bar d'Italia, Autogrill inclusi, al fine di ribattere alle accuse generiche che mi vengono rivolte, tra una brioche e un panino Camogli, dai banconi di famelici avventori, sono costretto a utilizzare queste pagine per argomentare le mie tesi. L'abbiamo detto, per uno scienziato la reputazione è tutto, e io non posso consentire che la mia venga scalfita da bugie tanto evidenti quanto un grattacielo.

Quando un virus o un vaccino entra in contatto con il nostro sistema immunitario, questo produce un gran numero di anticorpi, ovvero proteine che ci difendono dall'agente infettivo. Gli anticorpi sono migliaia, uno diverso dall'altro, e questa produzione (chiamata risposta anticorpale) è diversa da individuo a individuo.

Talvolta la risposta è molto efficace (per esempio contro il virus del morbillo) e, una volta guariti dalla malattia, gli anticorpi che si hanno rendono immuni per tutta la vita. Altre volte, purtroppo, lo è molto meno: in questo caso dalla malattia o non si guarisce o – pur guarendo – ci si può ammalare di nuovo.

Per fare un esempio, pensate all'herpes che vi viene sul labbro, che nei più sfortunati può tornare in continuazione: i pazienti sono pieni di anticorpi ma il virus riesce a farla franca, tanto che, a causa dell'abilità dell'agente patogeno nello schivare le nostre difese, non siamo ancora riusciti a mettere a punto un vaccino efficace.

In questi casi la risposta degli anticorpi non è – nel suo complesso – adeguata. Questo non vuol dire però che – tra i mille anticorpi prodotti – non ce ne sia qualcuno molto utile, magari presente in quantità troppo piccola oppure in compagnia di altri anticorpi che lo ostacolano nella sua azione benefica.

Per studiare queste situazioni in cui il sistema immunitario non riesce a vincere contro i virus bisogna fare una cosa apparentemente semplice, ma in realtà molto complicata: analizzare quei tanti anticorpi uno a uno e individuare quelli efficaci. Una volta trovati, potranno essere prodotti singolarmente e somministrati come se fossero un «siero artificiale» utile ai pazienti.

Ecco, questi anticorpi presi e prodotti uno a uno si chiamano «anticorpi monoclonali», e quello di cui da sempre mi occupo è riuscire a identificarli e produrli, immaginando di somministrarli, infine, ai pazienti.

Capite benissimo che questi farmaci non solo non hanno nulla a che fare con i vaccini attualmente in uso, ma sono alternativi ai vaccini. Quando c'è un vaccino che funziona, queste molecole non servono: infatti l'unico anticorpo monoclonale oggi in uso per combattere un'infezione virale si chiama *palivizumab* (Synagis) e serve a proteggere i bambini particolarmente vulnerabili da un virus poco conosciuto ma molto pericoloso, che riempie ogni anno i reparti di pediatria: il virus respiratorio sinciziale.

Inutile dirvi che se ci fosse un vaccino questi bambini si potrebbero proteggere con la vaccinazione, ma purtroppo il vaccino contro questo virus non c'è, quindi bisogna usare l'anticorpo monoclonale.

La mia attività di ricercatore è stata piuttosto fortunata grazie al mio Maestro, Massimo Clementi, e a giovani e bravissimi collaboratori: insieme siamo riusciti a individuare anticorpi monoclonali estremamente promettenti; l'ultimo contro il virus herpes simplex (quello che causa la bollicina sul labbro, contro il quale per l'appunto non c'è un vaccino). Questo anticorpo è potenzialmente un farmaco che potrebbe essere molto utile sia agli individui immunodepressi (che corrono gravi rischi a causa di questo agente infettivo) sia alle donne gravide, che in particolari casi possono infettare il bimbo alla nascita provocando un'encefalite virale spesso mortale e quasi sempre gravemente invalidante.

Grazie alla qualità del lavoro del nostro gruppo

di ricerca ho potuto pubblicare, insieme ai miei colleghi, numerosi lavori scientifici su riviste prestigiose e ottenere diversi brevetti. Per chi fa ricerca, pubblicazioni e brevetti sono come le medaglie per un atleta: mostrano che si è lavorato in maniera riconosciuta come eccellente dagli altri medici e scienziati, e che quanto si è fatto non è del tutto inutile. Insomma, aver scoperto e brevettato dei potenziali farmaci contro malattie gravi nel mondo vero costituisce un importante titolo di merito: su internet, è grave conflitto di interessi.

Peraltro, come già detto, gli anticorpi monoclonali umani non solo non sono vaccini, ma sono anzi farmaci alternativi ai vaccini. Se fossi così interessato come mi descrivono, mi converrebbe dire che i vaccini sono pericolosi in modo da aprire la strada all'utilizzo dei miei brevetti. Non mi sembra che sia quello che quotidianamente sostengo. Ma anche se io avessi dei brevetti relativi ad alcuni vaccini (che non ho), la mia convenienza sarebbe quella di evidenziare i difetti dei vaccini esistenti per promuovere l'utilizzo dei miei.

Per cui accusarmi di un inesistente conflitto di interessi sulla base del suono della frase «è inventore di brevetti», confidando nel giudizio sommario della gente, è una bieca menzogna che proviene da chi, vistosi battuto sul piano della ragione e della scienza, non potendo contrastare le mie tesi, si rifugia al bar, dove, conversando con altri avventori occasionali, che hanno difficoltà quanto lui nel capire il significato delle parole, butta appunto lì, tra cappuccini e brioche fumanti, la frase famosa, quanto odiosa, del nostro incipit.

«È tutto un *magna magna*!»

10

Complimenti al morbillo

Il Somaro complottista, quello che vede ladri ovunque, e ovunque il *magna magna* degli scienziati, e ascolta le fantasie di geni incompresi che lavorano nei loro sottoscala e pubblicano regolarmente le loro mirabolanti scoperte su Instagram, ha intanto già ottenuto un risultato: il ritorno da trionfatore del virus del morbillo, che avanza tra due ali di folla di non vaccinati, raccogliendo consensi.

Il morbillo è una malattia da nulla, si sente dire in giro.

Quando sento l'antivaccinista di turno dire questa sciocchezza, prima di tutto mi viene il sangue agli occhi pensando ai bambini e agli adulti che ho visto, a causa di questa malattia, riportare lesioni gravi e permanenti. Poi mi viene in mente mio nonno Pasquale, che è tornato vivo dalla Prima guerra mondiale. Tuttavia, forse perché internet non c'era, pare che nessuno l'abbia mai sentito affermare che la guerra è un'attività priva di rischi. Purtroppo aveva ragione: il conteggio dei morti, molti milioni, è ancora incompleto dopo cento anni. Però il mio compianto nonno materno, che aveva combattuto come artigliere, era tornato a casa dal campo di battaglia sano e incolume. Se ci si salva dalla guerra, dalle bombe, dalle mitragliatrici e dai gas tossici, figuriamoci se non si può uscire indenni anche dal morbillo!

E quest'anno dobbiamo fargli anche i complimenti, al morbillo. Perché in Italia, con l'aiuto determinante dei genitori che non vaccinano i figli, nel 2017 ha superato, al momento in cui questo libro va in stampa, i 4500 casi.

Anche se gli antivaccinisti affermano che il morbillo è una malattia lieve che addirittura aiuta lo sviluppo del sistema immunitario, molti di coloro che l'hanno avuto di recente purtroppo non potranno dire la stessa cosa. Numerosi pazienti sono stati ricoverati in ospedale (per la gioia di Big Pharma, che ringrazia chi non vaccina) e tanti altri hanno avuto gravi conseguenze; vedremo nel futuro se la malattia ha lasciato – come spesso accade in questi casi – danni permanenti. In particolare, i tre bambini morti a causa di questa epidemia, che ha portato l'Italia ai vertici delle classifiche mondiali nella poco invidiabile gara a chi ha più casi di morbillo, certamente non avranno il privilegio di potersi connettere a internet nel futuro. L'epidemia, in ogni caso, un merito l'ha avuto: ha mostrato senza dubbio quanto funziona il vaccino, visto che il 95% dei casi si sono verificati in persone che non erano state sottoposte al ciclo completo di immunizzazione!

Ma c'è di più: osserviamo con attenzione il tasso di incidenza per fascia d'età nell'epidemia del 2017 (è stata un'epidemia, anche se a qualche senatore, barista e avvocato antivaccinista il termine non piace) di morbillo in Italia. Il grafico seguente indica l'incidenza dei casi, ovvero il numero di persone che si sono ammalate di morbillo ogni 100.000.

Morbillo: incidenza per età

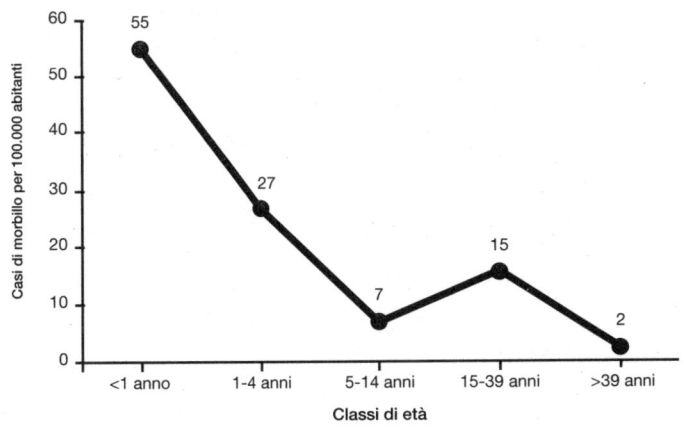

I dati sono chiarissimi e indiscutibili: l'incidenza più alta (55 casi ogni 100.000 abitanti) si riscontra nei bambini al di sotto di un anno. La cosa è molto negativa perché il morbillo, contratto nel primo anno di vita, ha una frequenza maggiore di complicazioni. Il problema è difficile da risolvere perché questi bambini sono troppo piccoli per essere vaccinati: l'unico modo per proteggerli, quindi, è impedire che vengano infettati. Ma chi li infetta?

La risposta è semplice e basta osservare il grafico per capirlo: sono infettati dai loro compagni di asilo più grandi, che vengono subito dopo come tasso di incidenza (età 1-4 anni, 27 casi per 100.000 abitanti). Qui la storia è diversa, perché questi bambini possono essere vaccinati! Per cui, se lo fossero, il morbillo negli asili non circolerebbe (invece di 27, nel grafico trovereste 0) e di conseguenza anche i bambini troppo piccoli per essere vaccinati sarebbero protetti nel luogo dove più di frequente contraggono la malattia. È l'immunità di gregge, di cui riparleremo.

Il vaccino è estremamente efficace – lo dicono questi dati in maniera inequivocabile – e più sicuro di qualunque altro farmaco un genitore possa somministrare al suo bimbo, inclusi i più comuni rimedi contro la febbre. Vaccinare i bambini è quindi cruciale, ma non basta. In un Paese come il nostro, a bassa natalità e con un alto numero di adolescenti e adulti vulnerabili, bisogna pensare anche ai più grandi, che in fondo, nella maggioranza dei casi, non sono altro che bambini che non sono stati vaccinati a tempo debito.

È una vergogna che il morbillo circoli in un Paese civile. È una vergogna che ci sia anche un solo caso, perché nelle nazioni dove si vaccina in maniera estesa la malattia è eliminata e negli ospedali, per morbillo, non entra nessuno.

Per cui, genitori che non avete ancora vaccinato i figli, adulti che non siete sicuri di aver avuto la malattia, vi prego: almeno contro il morbillo vaccinate e vaccinatevi. So che i genitori che non vaccinano pensano di fare la cosa giusta per i loro figli, ma si sbagliano ed è un errore che potrebbe essere pagato a caro prezzo. Lasciamo perdere obblighi, leggi, multe e tutto il resto: dobbiamo aumentare la copertura vaccinale, altrimenti simili tragedie continueranno a succedere. Non state a sentire i fanatici che gridano follie, e neanche i politici che in maniera scellerata cavalcano quest'irresponsabile e irrazionale deriva oscurantista: il vaccino è sicurissimo ed estremamente efficace. I bambini, specie i più piccoli, sono in pericolo.

Possiamo difenderli. Dobbiamo difenderli.

Come? Con l'immunità di gregge.

Vi chiederete ora: «Quella che gli antivaccinisti negano con insistenza?». Sì, proprio quella.

L'immunità di gregge, ovvero il fatto che se in una comunità il numero delle persone vaccinate è sopra una certa soglia l'agente infettivo non riesce più a circolare e sono protetti anche gli individui non vaccinati, è un dato di fatto tanto vero quanto la forza di gravità. La bugia antivaccinista, in questo caso, è davvero pericolosa, perché dire che l'effetto gregge non esiste per scoraggiare le vaccinazioni è come raccontare che i freni delle automobili sono inutili per indurre gli automobilisti meno avveduti a decidere di smontarli. Anche in questo caso bastano i numeri per far svanire il raglio del Somaro.

Prendiamo come esempio la meningite causata dal batterio che si chiama meningococco di tipo C: è una malattia molto pericolosa, difficile da diagnosticare, che in una percentuale non irrilevante di casi provoca tragedie. L'incidenza non è in aumento, ma potremmo dire lo stesso per gli incidenti stradali: non sono in crescita, ma molta gente perde la vita o rimane disabile a causa di essi. Per cui dobbiamo comunque guidare con prudenza e tenere le cinture allacciate.

Lo stesso vale per il meningococco C. Nessuna emergenza, però abbiamo da una parte una malattia terribile che fa morti e disabili, dall'altra un vaccino che è sicurissimo e straordinariamente efficace (anche se alcuni bugiardi vi dicono il contrario), tra l'altro messo a punto con il contributo decisivo di un italiano, Rino Rappuoli. Ed è efficace non solo nel rendere immuni dall'infezione i vaccinati, ma anche nel diminuire in maniera drastica la circolazione di questo pericoloso batterio tra la popolazione e proteggere quindi indirettamente pure le persone alle quali il vaccino non è stato somministrato.

Nel Regno Unito, dopo una campagna di vaccinazione a tappeto degli individui tra 0 e 18 anni, la malattia si è quasi azzerata (passando da oltre 1500 casi a poco più di 10) non solo tra chi era stato vaccinato, ma anche tra chi il vaccino non l'aveva fatto!

Vi propongo di nuovo un'immagine, che vale più di mille parole, che vi mostra il numero di casi di meningite da meningococco C registrati nel Regno Unito, suddivisi per fascia d'età. In alto potete vedere la situazione prima della campagna di vaccinazione, in basso la situazione dopo l'utilizzo esteso del vaccino.

GB: *casi di meningite da meningococco C*

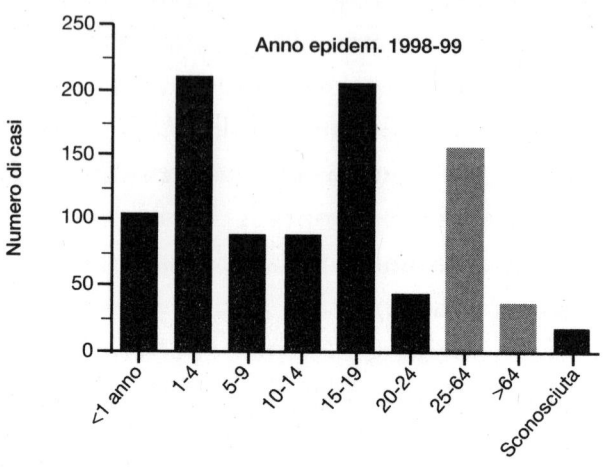

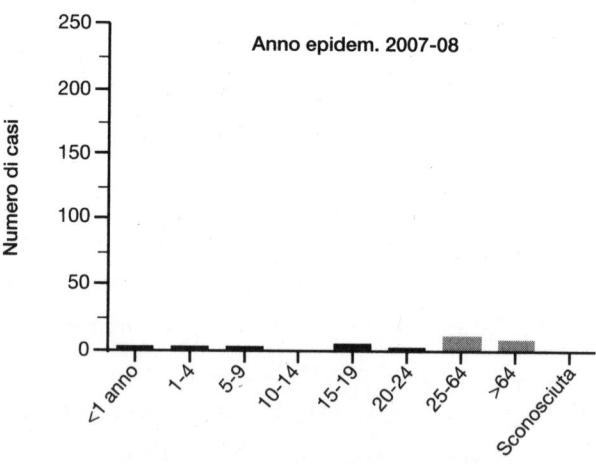

Considerato che conclusioni identiche si ricavano dai dati di molti altri Paesi, dove l'adesione alla vaccinazione è stata altissima, possiamo dire che il vaccino non solo funziona, ma funziona benissimo. E non riduce l'incidenza soltanto nei vaccinati, ma anche in persone che il vaccino non l'hanno mai visto, come quelle con più di 25 anni. A cosa possiamo attribuire questa evidentissima diminuzione? Al miglioramento dell'igiene? A una favorevole congiunzione astrale? Ai risultati delle squadre inglesi nelle coppe europee?

No. Questa si chiama «immunità di gregge», e a chi la nega chiedete di giustificare questi numeri. Non ci riuscirà.

Infatti l'immunità di gregge esiste, ed è cosa certa. Ne consegue una seconda cosa altrettanto certa: chi non vaccina i figli non mette in pericolo solo i propri bambini, ma anche i bambini degli altri, e pure noi adulti.

È un concetto importante che, dopo averlo definito come certamente vero, ci permetterà di parlare a ragion veduta di obbligatorietà delle vaccinazioni.

11

La libertà è un'altra cosa

Stabiliamo due punti fermi: il primo è che i vaccini sono estremamente sicuri e molto efficaci e che rifiutarli sulla base di dicerie senza senso è un comportamento ingiustificato che ricorda le peggiori superstizioni del passato.

Il secondo dato di fatto è che la vaccinazione non è un atto di protezione individuale, come allacciare le cinture in automobile o indossare il casco quando si guida la moto, ma un gesto di responsabilità sociale.

L'ho detto e lo ripeto: chi decide di non vaccinare i figli non solo mette in pericolo i propri bambini (e qui già c'è da discutere, perché i figli non sono proprietà dei genitori), ma anche gli altri bambini e tutta la comunità.

Avete visto come nell'epidemia di morbillo in corso nel 2017 nel nostro Paese la maggiore incidenza si sia verificata tra i bambini troppo piccoli per essere vaccinati; allo stesso tempo, in queste situazioni, a correre rischi gravissimi sono anche coloro – bambini e adulti – che non si possono vaccinare o che hanno perso la loro immunità a causa di malattie o terapie che hanno indebolito le loro difese.

Questi individui non solo non possono essere vaccinati, ma sono in serio pericolo in quanto una malattia contagiosissima e grave come il morbillo può essere, per loro, frequentemente mortale. L'unico modo che abbiamo per difenderli, dunque, è con l'immunità di gregge.

A questo punto spostiamoci negli Stati Uniti, una nazione che ha una considerazione della libertà individuale che a noi europei talvolta sembra eccessiva. Quasi una venerazione. Pensate che solo in 19 Stati su 50 i motociclisti hanno l'obbligo di indossare il casco: negli altri si ritiene che la libertà di disporre della propria vita e della propria salute debba prevalere. E cosa dire delle armi? In molti Stati non solo è consentito possederle, ma si possono pure portare ben in vista nel cinturone come facevano i pistoleri dei film western.

Ma vediamo che cosa succede in California, lo Stato dal quale sono partite non solo tutte le novità tecnologiche, ma anche importanti conquiste di civiltà come la fine della discriminazione delle persone in base alle loro preferenze sessuali. In questo Stato il rispetto delle scelte personali è tanto sacro che in questo momento i californiani sono addirittura liberi di fumare marijuana a scopi esclusivamente ricreativi nella piena osservanza delle leggi. Insomma, direi che i confini della libertà da quelle parti sono piuttosto estesi.

Proprio in California nel 2010 un bambino, Rhett Krawitt, ebbe la sfortuna di ammalarsi di leucemia. Una volta era una condanna a morte: oggi, ringraziando il cielo, e soprattutto la scienza che ha fatto passi da gigante, il 90% di questi bambini riesce a salvarsi e ad avere una vita perfettamente normale.

Dopo aver vinto con oltre tre anni di chemioterapia una coraggiosa e difficilissima battaglia contro la malattia, per Rhett è stato finalmente il momento di tornare in classe con i suoi coetanei per vivere la sua normale vita di bambino. Ma nella scuola che avrebbe dovuto frequentare molti bambini non erano vaccinati: il morbillo poteva circolare, perché il numero di alunni vulnerabili all'infezione era superiore al 7%, percentuale che non garantisce l'immunità di gregge. Parlare di isolamento non aveva alcun senso (chi si ammala di morbillo è molto contagioso anche nei giorni che precedono l'insorgere dei sintomi, mentre sta apparentemente bene) e Rhett, dopo essersi salvato dalla leucemia, correva il rischio di morire a causa di una banale infezione che – se tutti fossero stati vaccinati – semplicemente non sarebbe esistita in quella comunità.

Il padre di Rhett, Carl, non la mandò giù. Iniziò una battaglia legale in favore di suo figlio, che aveva tutto il diritto di frequentare la scuola e avere una vita sociale senza dover morire a causa delle superstizioni della gente. Anche la sua lotta fu difficile ma vittoriosa: dopo un percorso molto tormentato che portò addirittura i politici che sostenevano questa legge a ricevere minacce di morte (è successo anche a me: «aver compagno al duol scema la pena»), nel giugno 2015 il governatore Jerry Brown ha firmato una legge che dall'anno scolastico 2015-16 ha reso indispensabili le vaccinazioni per poter essere accettati nelle scuole.

A due anni di distanza si può fare un primo bilancio che va oltre ogni più rosea attesa, come potete vedere in maniera chiarissima nel grafico alla pagina seguente. I tassi di vaccinazione sono schizzati in alto e per tutti i vaccini si è tornati sopra il livello che garantisce una copertura di gregge, mettendo al

sicuro non solo Rhett, ma anche tutti gli altri bambini che si trovano nelle sue condizioni.

USA (California): tassi di vaccinazione in età scolare

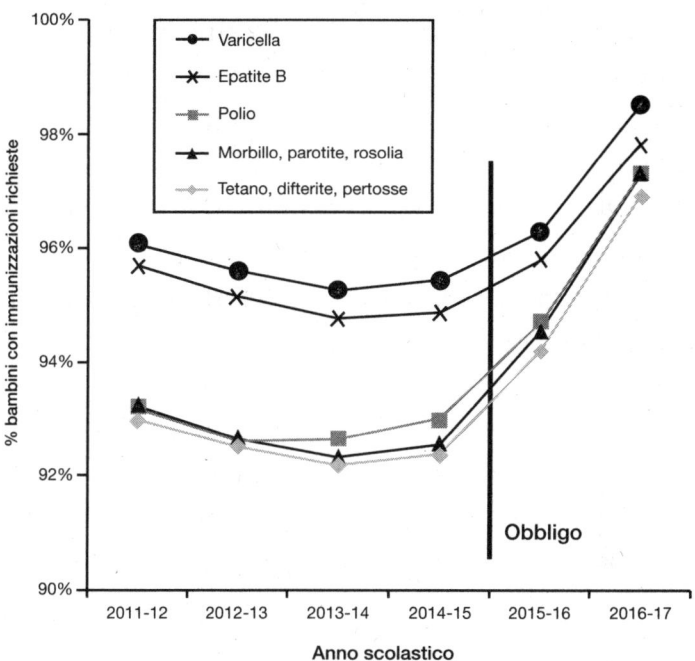

Insomma, in California – il tempio della libertà –
tenere fuori dagli asili i bimbi non vaccinati sembra
per ora aver funzionato in maniera fantastica e ha
fatto il bene dei bambini stessi e di tutta la società.

In Italia, che il tempio della libertà proprio non

è, visto che dobbiamo chiedere il permesso anche per applicare una targa accanto alla nostra porta di casa, la situazione riguardo le coperture vaccinali è molto peggiore rispetto a quella statunitense. Il tasso medio di vaccinati contro il morbillo è di poco superiore all'87% (la soglia di sicurezza è il 95%), ma è molto variabile da regione a regione: nella ricchissima, civilissima e pulitissima provincia autonoma di Bolzano, per esempio, un terzo (avete letto bene, un terzo) dei bambini non è vaccinato.

I tassi di vaccinazione sono dunque non solo pericolosamente bassi (come dimostrato dall'epidemia di morbillo), ma anche in calo.

Che cosa fare?

Secondo alcuni bisognerebbe investire di più in informazione, educazione, rendere i vaccini più accessibili. Questo è senz'altro vero. Ma sono vere anche due cose: la Regione Veneto negli ultimi anni l'ha fatto e i risultati non sono stati particolarmente entusiasmanti; allo stesso tempo è giusto, per evitare gli incendi, sensibilizzare i campeggiatori sul fatto che non si devono gettare nel bosco mozziconi accesi. Però quando divampa un incendio bisogna usare il Canadair, e in Italia purtroppo – per quanto riguarda i vaccini, e in particolare il morbillo – l'incendio è scoppiato.

Morbillo: copertura vaccinale in Italia

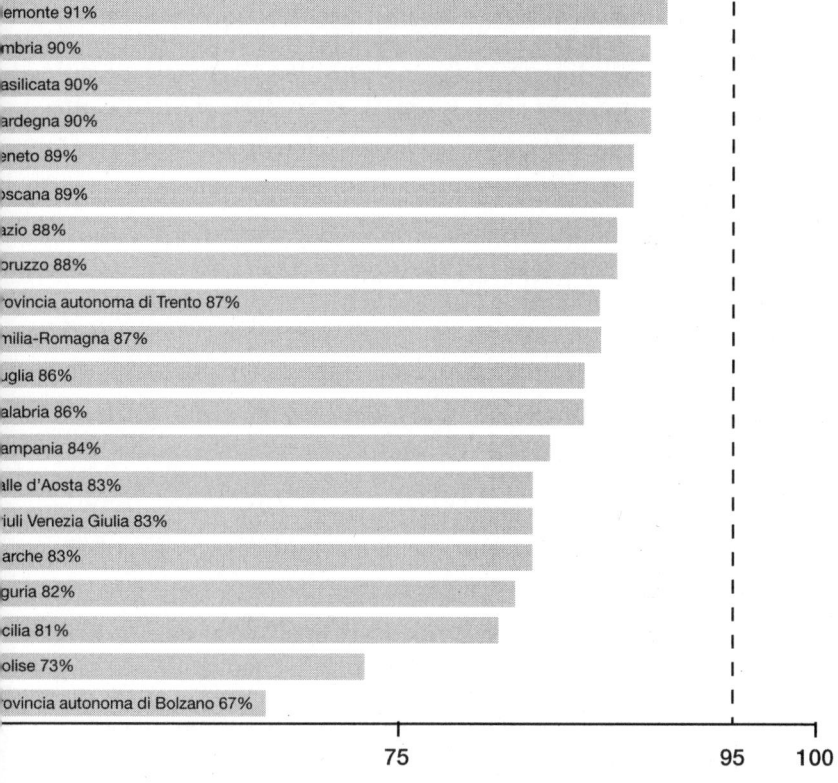

Dunque, nel luglio 2017 nel nostro Paese è stata approvata una legge che stabilisce sostanzialmente che per essere ammessi agli asili e alle scuole è necessario essere vaccinati. Pur essendo il provvedimento in vigore da poco, al momento in cui questo libro va in stampa possiamo affermare che i dati preliminari sono incoraggianti. In Toscana, rispetto al 2016, nei primi dieci giorni di settembre le vaccinazioni sono aumentate del 300%. Indicazioni simili stanno provenendo da altre regioni, con numeri altrettanto lusinghieri. Certamente sono cifre provvisorie che non consentono di trarre alcuna conclusione, ma altrettanto certamente sono notizie positive, che ci possono far ben sperare.

C'è di più. Generata da questa legge e anche da una più corretta informazione, sta nascendo una maggiore sensibilità da parte dei genitori e in generale dei cittadini: si comincia a percepire il non vaccinare il proprio figlio come un gesto incivile, che danneggia la comunità e non rispetta gli altri.

Nel 2003 in Italia è stata approvata una legge che vietava il fumo nei locali pubblici, dove fino a quel momento si fumava tranquillamente e abbondantemente. Tutti pensavano che non avrebbe avuto alcun effetto; invece nei bar, nei cinema, nei ristoranti e nelle discoteche non fuma più nessuno. Io non sono convinto che i fumatori si astengano dall'accendere la sigaretta per il timore della multa, e non so neanche quante multe vengano comminate ogni anno a persone che infrangono questa legge: però credo che siano molto poche. Io ho la sensazione che la gente non fumi non per evitare di pagare una sanzione, ma perché nella nostra società è ormai matura, per fortuna, l'idea che fumare in pubblico sia un comportamento poco corretto, che danneggia gli altri.

Non so se ci siano leggi che vietano di starnutire in ascensore senza coprirsi la bocca con un fazzoletto o di sputare per terra: tuttavia ogni cittadino si astiene da queste azioni per evitare di passare per maleducato. Sputare per terra è considerato un atto incivile, chi sputa è a sua volta considerato un incivile e non un coraggioso che combatte per la libertà di sputare per terra: per questo nessuno lo fa, legge o non legge.

In futuro potrebbe accadere la stessa cosa: la gente vaccinerebbe i propri figli senza bisogno di obbligo ma semplicemente per non essere guardata come chi sputa per terra, proprio come succede nei Paesi civili.

La legge è imperfetta: è possibile in alcuni casi sfuggire all'obbligo pagando delle sanzioni e questo non va bene, perché non è accettabile che un automobilista, dopo una multa, sia libero di andare a trecento all'ora in autostrada; allo stesso modo, mancano provvedimenti per i sanitari e per gli insegnanti, che possono avere un ruolo critico nella diffusione delle malattie. Tuttavia, pur con alcuni limiti, questa legge è secondo me un grande passo avanti: ha fatto capire chiaramente che lo Stato sta dalla parte della scienza, e non della superstizione.

Come c'era da aspettarsi, dall'approvazione di questa legge in avanti gli antivaccinisti si sono scatenati nel protestare contro quello che loro ritengono un inaccettabile abuso.

A parte le bufale che abbiamo smontato e smonteremo, molti di loro hanno obiettato: «Perché negli altri Paesi le vaccinazioni non sono obbligatorie?».

«Perché solo da noi deve esserci un obbligo?»

Purtroppo la risposta è semplice, e ci giunge forte e chiara dal grafico alla pagina seguente, che riporta il tasso di vaccinazione contro il morbillo nelle nazioni dell'OCSE (Organizzazione per la cooperazione e lo sviluppo economico). Siamo vergognosamente ultimi! Quindi la situazione è umiliante: da noi deve esserci un obbligo perché altrove i genitori vaccinano i figli di loro spontanea volontà, comprendendo l'importanza delle vaccinazioni e non facendosi sviare da superstizioni senza senso.

Altri, invece, affermano che non c'è un'emergenza che giustifichi questo provvedimento. A parte il fatto che gli oltre 4500 casi di morbillo nei primi nove mesi del 2017 sono stati un'emergenza, questi

Morbillo: copertura vaccinale negli Stati OCSE

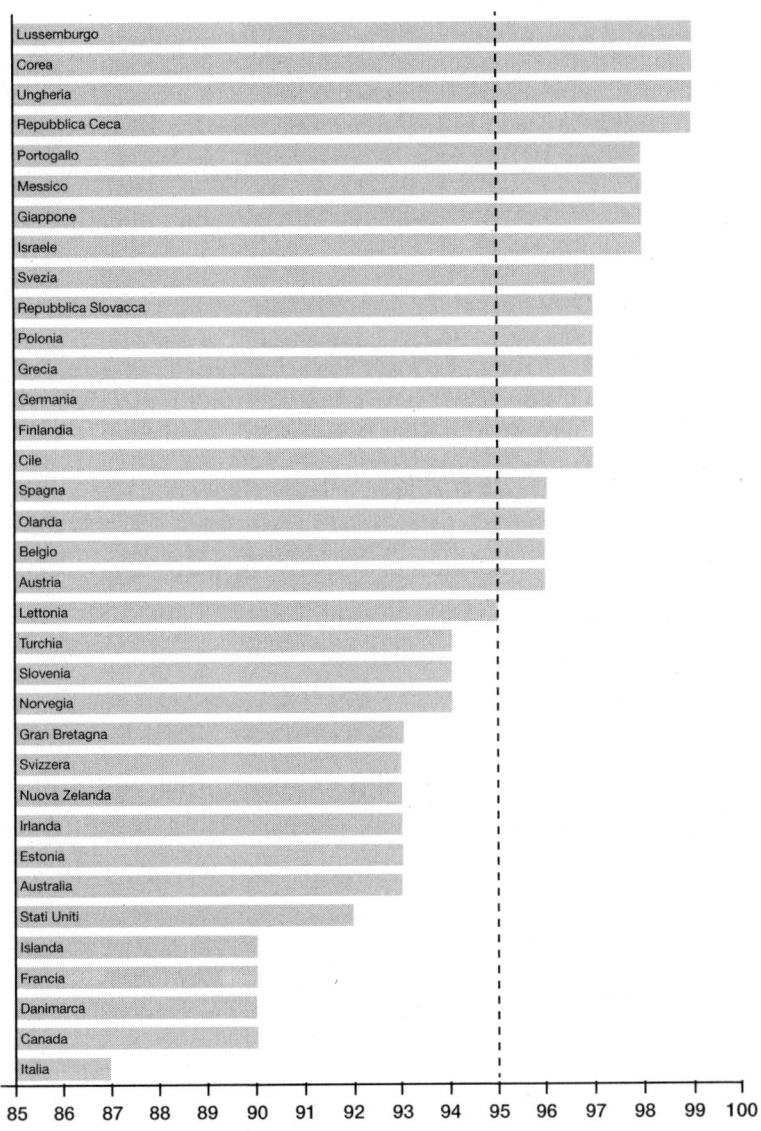

signori mi ricordano tanto chi, guidando contromano, si vanta di non aver provocato alcun incidente. Così come guidare nel lato giusto della strada serve a non andare a sbattere, allo stesso modo i vaccini servono a prevenire le emergenze e le epidemie, che non si verificano proprio perché ancora ci si vaccina.

Ma se si continuassero ad accumulare individui non immuni (i bambini non vaccinati crescono) e se i tassi non smettessero di scendere, anche epidemie di malattie dimenticate potrebbero tornare. A quel punto dovremmo contare i morti e sarebbe troppo tardi.

Altri, infine, protestano in nome della libertà, definendo l'obbligo un provvedimento autoritario che priva i genitori di fare le proprie scelte riguardo i loro bambini. No. Qui non ci intendiamo.

Prima di tutto i bambini non sono proprietà dei genitori: sono cittadini del nostro Paese che lo Stato deve proteggere. Se una madre decide di aggiungere grappa nel biberon del figlio perché è convinta che aiuti lo sviluppo delle facoltà mentali del piccolo, non è per niente libera di farlo. Detto questo, abbiamo dimostrato che chi non vaccina i figli mette in pericolo non solo i propri bambini, ma tutta la società. È quindi legittimo chiedere di essere liberi di danneggiare gli altri?

Libertà non è poter guidare ubriachi mettendo in pericolo se stessi e gli altri perché qualcuno ha scritto su internet che dopo aver bevuto si è più rilassati. Libertà non è pretendere che lo Stato ci metta a disposizione in ogni pronto soccorso un medico del Sagittario perché l'astrologo ci ha detto che questo segno ci porterà fortuna, e libertà non è neppure – credendo a superstizioni senza senso – avere la possibilità di non vaccinare i propri figli mettendo in pericolo non solo loro, ma anche i più deboli e i più sfortunati che, nella mia visione dello Stato, dallo Stato possono e devono essere difesi.

Libertà non è nulla di tutto questo. Libertà è un'altra cosa.

12

I medici: Ordine e disordine

Scoppia un incendio nella pineta dove state facendo un picnic con la vostra famiglia. All'improvviso, nel caos, v'imbattete in un pompiere, che vi suggerisce di spegnere le fiamme con il cherosene.

Correte verso la vostra auto e prendete la strada principale, dove un vigile vi raccomanda, per guidare meglio, di bere prima una bella bottiglia di whisky da un litro. Fino all'ultima goccia.

Vostra moglie è incinta, e un infermiere le offre una sigaretta, perché «quello che ci vuole nei momenti di stress, soprattutto in gravidanza, è una bella boccata di fumo».

E vostro nonno, che è cardiopatico, riceve dalla polizia stradale il consiglio di andare a duecento all'ora in autostrada, perché «le emozioni fanno bene al cuore. Lo rimettono a posto».

Questo è quello che potrebbe accadere se i Somari prendessero il sopravvento anche nelle professioni. Capite bene che quel pompiere, quel vigile, quell'infermiere e quel poliziotto devono cambiare mestiere.

Allo stesso modo, anche un medico che afferma che i vaccini sono inefficaci o pericolosi deve cambiare mestiere, perché questa è una bugia insidiosa e, se a raccontarla è un professionista iscritto all'Albo, fa bene l'Ordine professionale a intervenire per cacciarlo, come è accaduto, come è giusto che accada, e come (sempre più spesso e in maniera molto più inflessibile) dovrebbe accadere.

Un medico convinto che i vaccini facciano male, che provochino l'epilessia, che siano all'origine di malattie autoimmuni o, com'è successo di recente, che dica che i bambini non vaccinati sono più sani di quelli vaccinati non può parlare liberamente di queste cose come se fossero vere.

Deve prima dimostrare che sono vere.

Quindi deve formulare un'ipotesi, deve raccogliere i dati, deve insomma verificare se è vera la sua teoria che, una volta asseverata, deve essere condivisa con tutta la comunità scientifica, in modo che ogni scienziato possa valutarne il metodo e provare a riprodurre l'esperimento, per confermare o smentire la scoperta.

Non possiamo lasciare che i medici dicano che i vaccini sono pericolosi o altre scemenze, come che il cancro si cura con il bicarbonato, l'emicrania con l'anguria e l'orzaiolo con le banane, perché chi si comporta in questo modo non solo danneggia il paziente, ma offende la professione medica. Infatti le persone attribuiscono importanza a quello che dice un medico perché migliaia e migliaia di medici ogni giorno nel nostro Paese fanno il loro lavoro con serietà, dedizione e competenza, dedicando letteralmente le loro vite al bene dei malati e guadagnando il rispetto, e soprattutto la fiducia, dei pazienti. La persona che parla a vanvera e dice bugie abusa dell'autorevolezza che, grazie a tutti i medici che lavorano seriamente, è associata a quella parola, «medico». Quindi sono i medici, per primi, a dover pretendere che la loro professione non venga infangata da questi cialtroni.

Per darvi un'idea di quanto possa essere pericolosa una bugia raccontata da un mio collega, prendiamo l'esempio di Andrew Wakefield, un ex medico che nel 1998 pubblicò, anche grazie alla colpevole disattenzione di una prestigiosa rivista (*quandoque bonus dormitat Homerus*, «ogni tanto si addormenta pure il bravo Omero» dicevano gli antichi, a significare che talvolta sbagliano anche i migliori), un lavoro basato sullo studio di dodici bambini che suggeriva una correlazione tra vaccinazione contro il morbillo, parotite e rosolia, e l'insorgenza dell'autismo. La ricerca (che peraltro poi si dimostrò essere falsa) non dimostrava nulla, la cosa era scritta nero su bianco: ma Wakefield, in una conferenza stampa, disse a una nutrita folla di giornalisti che era probabile un legame tra vaccinazioni e autismo (che il suo lavoro non dimostrava) e suggeriva (ovviamente senza alcuna base scientifica) di somministrare i tre vaccini contro morbillo, parotite e rosolia non insieme ma separatamente, distanziati un anno l'uno dall'altro. Ecco il perfetto esempio del medico che racconta una pericolosissima menzogna.

Quale fu l'effetto di questa bugia? Come si può immaginare, quello di terrorizzare i genitori, che – spaventati da queste affermazioni – smisero di vaccinare i loro figli. Nei due grafici alla pagina seguente vedete nel primo l'andamento della copertura vaccinale contro il morbillo nel Regno Unito, e nel secondo l'effetto che la diminuita copertura ebbe sull'incidenza della malattia nel Paese. La copertura vaccinale crollò a poco più del 75% e in alcune zone metropolitane della nazione scese fino a toccare il 50%. Le conseguenze di questo calo

GB: % di bambini vaccinati contro il morbillo

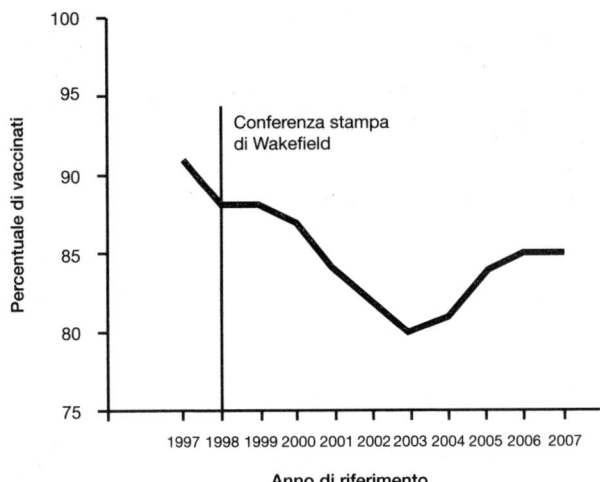

GB: casi di morbillo

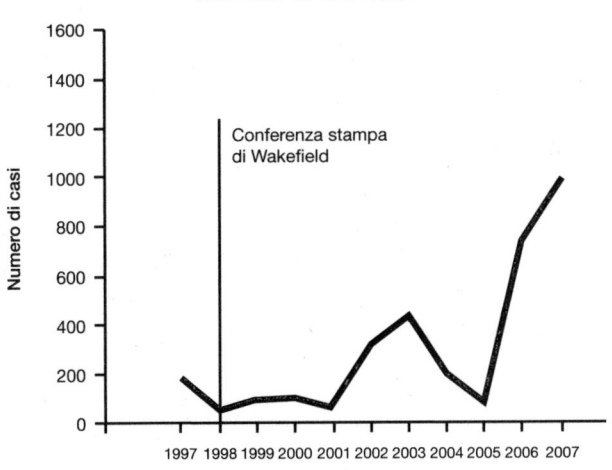

furono terribili: nel 1998 il morbillo era sotto controllo e si contavano poche decine di casi, nel 2004 la nazione ebbe la tragica opportunità di registrare, dopo quattordici anni, il primo morto di morbillo, purtroppo non il solo. Vedetela come credete, ma per me questo signore ha sulla coscienza la pelle di diversi bambini.

Perché l'aveva fatto? Semplice: per soldi.

Il medico era infatti stato contattato da un avvocato che assisteva alcune famiglie di bambini autistici e aveva intenzione di intentare una causa multimilionaria contro le case produttrici del vaccino; per avere successo gli serviva però una prova scientifica da utilizzare in tribunale che collegasse autismo e vaccinazioni. Siccome questa prova mancava, contattò Wakefield e gli propose di effettuare lo studio. Per incoraggiarlo gli pagò, attraverso società fittizie e finte compravendite che dovevano servire a nascondere il passaggio della somma, quasi 500.000 sterline (corrispondenti a oltre 830.000 sterline, 940.000 euro di oggi), e lui eseguì coscienziosamente lo scellerato compito.

In realtà Wakefield non si era accontentato di questa cifra: capì che dalla sua bugia poteva guadagnare molto di più. Vi ricordate quello che aveva detto nella conferenza stampa? Che il vaccino trivalente poteva provocare l'autismo e che sarebbe stato meglio somministrare i vaccini singoli. Cosa c'era quindi di meglio che prepararsi a vendere i vaccini singoli? A dimostrazione della sua mancanza di scrupoli e della fredda premeditazione, nell'anno precedente alla falsa pubblicazione e alla conferenza stampa aveva depositato una domanda di brevetto relativa proprio alla produzione di questi vaccini, che incredibilmente conteneva i risultati dello studio ben nove mesi prima della sua conclusione (a ribadire il fatto che chi è proprietario di brevetti relativi a nuovi vaccini ha convenienza a screditare quelli esistenti); per sfruttare la scoperta fondò pure una società, la Immunospecifics Biotechnologies Ltd, che avrebbe dovuto produrre e vendere il nuovo vaccino. Indovinate chi era il direttore di questa azienda? Il padre di uno dei dodici bambini dello studio falso. Per non farsi mancare niente, addirittura sperimentò su un bambino un nuovo vaccino senza alcuna autorizzazione e senza neanche dirlo al pediatra che lo seguiva. Insomma, il terrore dei genitori gli avrebbe reso un sacco di soldi, che si sarebbero aggiunti a quelli che gli aveva dato l'avvocato.

Purtroppo per lui, la verità venne a galla, offrendo un quadro ben più grave.

Oltre a quanto ho appena raccontato, si scoprì che aveva fatto cose dell'altro mondo, tra le quali analisi invasive e pericolose sui bambini senza permesso; addirittura arrivò a eseguire delle punture lombari ai piccoli pazienti. Per chi non è medico, la puntura lombare è una procedura invasiva, pericolosa, dolorosa, indispensabile in alcune occasioni, ma farla senza motivo è davvero gravissimo. Tanto grave che l'Ordine dei medici lo radiò, definendolo «disonesto e irresponsabile» e accusandolo di aver agito «con spietato disprezzo per le sofferenze e per il dolore che i bambini avrebbero sofferto». Questo, per inciso, è l'idolo degli antivaccinisti nostrani, che fanno a gara per proiettare nei cinema un film sulla sua storia e per averlo ospite ai loro convegni.

Vi rendete conto di quanti danni può fare una bugia raccontata da un medico? Centinaia di bambini ricoverati, alcuni morti, malattie che vanno fuori controllo e seminano lutti e dolore. Vi sembra meno grave di un attentato terroristico? A me no. Forse anche peggio, visto che l'unica ideologia che l'ha dettata è quella del dio denaro.

Dunque, nei confronti di questi irresponsabili – e definirli irresponsabili è un complimento – è necessaria la massima severità. Un medico non può diffondere menzogne che possano avere come conseguenza la morte di alcune persone e passarla liscia. Deve essere radiato.

La Federazione nazionale degli ordini dei medici, per troppo tempo inattiva, nel 2016 ha finalmente annunciato – su meritorio impulso della presidente, Roberta Chersevani, decisa a far rispettare la nostra professione – la massima severità contro questi cialtroni, e già diversi Ordini provinciali hanno giustamente radiato «medici» che da tempo sostengono, riguardo le vaccinazioni, tesi che non hanno alcuna validità scientifica e che costituiscono un serio attentato alla salute dei pazienti e della nostra comunità. Speriamo che sia solo l'inizio, visto che le affermazioni di molti medici «alternativi» sono fissate senza possibilità di fraintendimento in innumerevoli siti internet, in filmati presenti in rete, come pure in numerosi libri e pubblicazioni. La severità e la tempestività delle sentenze contro costoro rappresenteranno dunque un momento decisivo per comprendere quanto gli Ordini provinciali costituiscano un reale presidio a difesa dei pazienti e della dignità della professione medica, e quanto siano, come alcuni sostengono, strutture volte solo a proteggere gli interessi corporativi in nome di intrecci di carattere personale.

Se non dovessero dimostrarsi all'altezza, dal momento che i Consigli degli Ordini provinciali sono organi eletti dai medici, dovremo essere noi stessi medici – vedendo impuniti questi praticoni che infangano il nostro camice e la nostra professione – a riportare con il nostro voto gli Ordini al loro autentico, e importantissimo, ruolo sociale.

Quante volte, quando affermavo la sicurezza e l'efficacia dei vaccini, mi sono sentito rispondere: «Ma il tuo collega dice il contrario! Ed è un medico, esattamente come te»?

Ecco, l'Ordine deve fare in modo che quell'altro non sia più un medico come me.

13

I giornalisti: autorevolezza e responsabilità

Nella grave vicenda relativa ad Andrew Wakefield, di cui abbiamo appena parlato, la gran parte del merito va a un reporter inglese, Brian Deer. Questo bravissimo giornalista del «Times» smascherò infatti la truffa. Wakefield lo denunciò per intimidirlo, ma perse la causa talmente male da essere condannato a pagare una valanga di spese legali. Non contento, provò a denunciarlo negli USA, ma anche lì ottenne lo stesso risultato, rimediando dal tribunale una sonora bastonata. Questo per dimostrare, e ricordare, che la stampa e in generale i giornalisti hanno un ruolo fondamentale nello svelare i truffatori e nel limitare l'impatto negativo che le bugie scientifiche possono avere.

Allo stesso tempo, purtroppo, possono anche amplificare e rendere più credibili e verosimili le menzogne.

Viviamo in un momento in cui chiunque apra un blog diventa un giornalista, chiunque abbia un account Instagram un fotografo, e chiunque possegga una videocamera e uno smartphone è promosso, sul campo, reporter.

Però i giornali di carta sono considerati ancora importanti, così come la televisione e la radio, soprattutto le testate che hanno una buona reputazione. Questi organi di informazione sono visti dai lettori, dagli ascoltatori e dai telespettatori con rispetto e con fiducia.

È molto importante, quindi, che quando si parla di questi argomenti, delicati e di battente attualità, com'è il caso dei vaccini e della salute delle persone, i giornalisti siano in grado di selezionare le persone competenti e distinguerle da quelle che invece non hanno nessuna voce in capitolo.

Ci sono molte cose sulle quali si può e si deve dibattere, e una di queste è, per esempio, l'opportunità di rendere i vaccini obbligatori. Infatti, mentre l'efficacia e l'utilità dei vaccini sono dati scientifici che si possono confutare solo con numeri e statistiche, l'obbligatorietà è una questione politica. Dove ognuno ha il diritto di dire la sua e il giornalista ha il dovere di riportare tutte le opinioni.

Però, se si parla di argomenti scientifici, un giornalista deve dare spazio anche a chi racconta bugie? Siamo sicuri che, quando si tratta di scienza, tutte le opinioni abbiano la stessa dignità? Se una trasmissione parla di viaggi interplanetari è giusto mettere sullo stesso piano il direttore della NASA e un astrologo dell'hinterland milanese? In altre parole: se un giornalista organizza una tavola rotonda sulla discriminazione razziale, è giusto invitare al microfono, e dare spazio e voce, quindi anche pubblicità, a un neurologo pazzo che sostiene che «secondo la sua esperienza» le persone che hanno un colore della pelle diverso sono meno intelligenti dei bianchi?

Questa non è un'opinione! Questa è una bugia, una cosa palesemente e notoriamente non vera, ed è anche molto pericolosa, perché qualcuno, ascoltando questa menzogna, potrebbe convincersi che le cose stanno così – perché l'ha letta su un giornale, ascoltata alla radio, o seguita in televisione – e da quel momento discriminare il suo collega per il colore della pelle, cosa che nessuno di noi si augura debba accadere.

Altro esempio: è giusto, quando si organizza una conferenza sulla violenza nei confronti delle donne, invitare un babbeo che sostiene che, tutto sommato, alle donne essere stuprate, alla fine dei conti, non dispiace? Vi sembra questa una legittima opinione, o una bestialità?

Dunque, è precisa responsabilità dei giornalisti, delle reti, e soprattutto del servizio pubblico, chiamare a parlare persone competenti, come peraltro si è usato fare fino a qualche anno fa.

Nella mia esperienza mi sono trovato in alcune situazioni veramente disdicevoli. La prima, quella più nota, è stata quando sono stato opposto a Eleonora Brigliadori, un'attrice che tutti ricordiamo per la sua bellezza nel film *Rimini Rimini*, con Gigi e Andrea, ma non certo per la sua competenza in campo virologico e immunologico. Poi ho dovuto affrontare un disc jockey in lieve disuso, che sosteneva (su quali basi, non è dato sapere) che i vaccini causano l'autismo. Ma non è finita: in una trasmissione televisiva (su una rete nazionale) ho avuto anche il piacere e la fortuna di incontrare una signora informata che, dall'alto del suo incarico di amministratrice di un gruppo Facebook di mamme romagnole, è stata così gentile da spiegare a me e a tutti i telespettatori italiani che «non c'è bisogno di vaccinare i bambini perché tanto gli anticorpi se li fanno giocando per terra» e un avvocato che mi ha insegnato che «l'autismo può venire anche dopo una botta in testa».

Un'altra volta mi è capitato che un giornale ospitasse prima la mia intervista, nella quale spiegavo nei dettagli l'utilità e la sicurezza delle vaccinazioni, e il giorno dopo lo stesso spazio – sull'argomento vaccini! – fosse dato a un ex allenatore di pallavolo e, *dulcis in fundo*, a una signora che nel suo sito si descriveva così: «Una mamma piena di vita». Ma allora basta essere «pieni di vita» per diventare esperti di vaccinazioni ed epidemie? L'avessi saputo prima, non avrei trascorso gli anni migliori della mia gioventù chino su libri e manuali di medicina, nelle università, in città lontane dalla mia, da studente fuori sede, per laurearmi. Negli anni in cui la mamma «piena di vita» viveva al massimo, io rinunciavo alle vacanze per fare le pulci ai microbi!

Però la cosa peggiore non l'ho vista sulla carta stampata, ma su una rivista «online».

Poche cose sono atroci nella vita quanto la sindrome della morte improvvisa del lattante, chiamata SIDS (*Sudden Infant Death Syndrome*). Un bimbo perfettamente sano viene messo a letto dai genitori che la mattina dopo lo ritrovano morto. Il bambino non si agita, non piange: semplicemente, muore in silenzio. Non sappiamo perché questo avvenga. Sappiamo che alcuni accorgimenti ne riducono notevolmente la frequenza (far dormire il piccolo sulla schiena, non tenerlo nel letto con i genitori, avere la giusta temperatura in camera), ma purtroppo questa spada di Damocle è appesa sulla culla dei bambini e ne minaccia la vita.

Il periodo in cui questa tragedia accade più di frequente è dai 2 mesi al compimento dell'anno di vita, con un picco intorno ai 4 mesi. Purtroppo non è cosa rarissima: un bambino ogni 2000 muore a causa della SIDS, il che equivale a oltre 100 bambini ogni anno solo nel nostro Paese. Essendo il periodo di maggiore incidenza della SIDS (tra i 2 mesi e l'anno di vita) anche il momento in cui i bambini vengono vaccinati, accade naturalmente che – per coincidenza – il bambino muoia proprio il giorno dopo una vaccinazione.

A tal riguardo la ricerca medica ha dimostrato senza ombra di dubbio che i vaccini non hanno nessun ruolo nel causare questa tragedia. Studi estremamente affidabili su popolazioni molto estese indicano con certezza che l'incidenza della SIDS è identica nelle settimane precedenti e in quelle successive alla vaccinazione. Quindi il bambino muore *dopo* la vaccinazione, e non *a causa* della vaccinazione. Chi vi racconta il contrario sta dicendo, come al solito, una spudorata bugia.

In realtà gli studi dicono qualcosa di più, e molto inquietante. Sostengono infatti che nei bambini vaccinati la SIDS si verifica meno frequentemente.

Da questo si potrebbe pensare che i vaccini proteggano da questa malattia, ma può darsi che non sia così. La questione potrebbe essere ben più grave: su un «quotidiano online» fondato da una giornalista professionista, commentando un tragico evento di SIDS, prima viene riportato il parere scientificamente corretto dell'AIFA (Agenzia italiana del farmaco), poi viene intervistato – per motivi a me incomprensibili – un avvocato, il quale dice testualmente: «La questione della posizione del bimbo è una bufala clamorosa, mai evidenziata dagli anatomopatologi. Sono fandonie che scrivono le riviste pediatriche e i rotocalchi». Avete letto bene: mentre i dati – ovvero numeri indiscutibili condivisi da tutti gli scienziati del mondo – mostrano in maniera inequivocabile che far dormire i bambini a pancia in su diminuisce la frequenza di queste tragedie, l'avvocato dice il contrario, e il quotidiano online pubblica questa affermazione.

Da ciò potete capire perché si discute. La ragione della più alta frequenza della SIDS nei bambini non vaccinati, secondo alcuni, non dipenderebbe da uno sconosciuto effetto protettivo delle vaccinazioni, ma dal fatto che i genitori che non vaccinano

i figli, così come non ascoltano il parere dei pedia-
tri riguardo al vaccinare, allo stesso modo danno
retta all'avvocato e non mettono in atto le misure
che possono ridurre il rischio di SIDS. Questo potrebbe spiegare la maggiore incidenza della morte
improvvisa nei loro figli. Come vedete, le responsabilità non sono necessariamente limitate alla professione medica.

Io penso che sia dovere dei direttori dei giornali
scegliere collaboratori affidabili e non dare spazio,
in nome di un finto diritto di cronaca, a tesi senza
alcun fondamento scientifico che alimentano il rifiuto delle vaccinazioni e mettono in pericolo tutta
la società. La BBC lo fa da tempo, la RAI finalmente ha iniziato a farlo, dovrebbero seguire l'esempio
anche tutti gli altri.

14

La scienza in fuorigioco

In passato, nelle enciclopedie, il moto dei pianeti non veniva descritto da un signore specializzato in oroscopi – attività beninteso onesta, per carità – ma da un astronomo, che di queste cose se ne intendeva. Questo faceva sì che chi desiderava sapere qualcosa sull'orbita di Marte aveva a disposizione una fonte affidabile dalla quale prendere informazioni. Adesso tutti parlano di tutto: abbiamo visto showgirl che parlano di vaccini, disc jockey che discettano di neuropsichiatria infantile e genitori «informati» che spiegano l'immunologia. Esiste però un'importante eccezione a questo malcostume: lo sport.

Io sono appassionato di calcio e non mi è mai capitato di vedere in televisione, anche sul canale più scalcinato, un commentatore che ignorasse la regola del fuorigioco o che non sapesse che solo il portiere può prendere la palla con le mani. In generale i telecronisti e i radiocronisti sono persone estremamente esperte, che sanno valutare con esperienza e competenza le azioni di gioco e mai e poi mai si sognerebbero di criticare un attaccante che non ha segnato per il fatto di non aver deviato la palla in porta con l'avambraccio. Per parlare di calcio bisogna sapere che esiste il fuorigioco, che il portiere può toccare il pallone con le mani mentre a tutti gli altri dieci giocatori non è permesso. Chi non è d'accordo su questo, non solo non può giocare a calcio, ma non può neanche parlare di calcio. Se si parla di vaccini, di riscaldamento globale, di efficacia delle chemioterapie o di diete dimagranti – argomenti prettamente scientifici dove le opinioni non contano nulla se non sono supportate da dati solidi e accettati –, questo principio viene purtroppo applicato molto raramente.

Bisogna dunque prendere atto di una triste realtà: lo sport oggi è molto più rispettato della scienza. Io non ho mai visto in televisione commentare le partite di basket o di pallavolo da persone inesperte. La cronaca della Formula 1 non è affidata a chi non saprebbe distinguere una Ferrari da un trattore; a questi compiti di solito vengono chiamati campioni che hanno un *palmarès* di tutto rispetto, o commentatori che si occupano di quell'argomento da sempre.

In realtà, alla scienza accade pure di peggio. Nelle trasmissioni sportive si litiga su tutto: sui rigori, sulle sostituzioni, sull'evitabilità di un gol, sulla disattenzione della difesa, sulla disposizione della squadra, sul contributo – negativo o positivo – del singolo giocatore. Ma avete mai sentito discutere sul risultato? Io no. Una volta finita la partita, giusto o meno che sia, il risultato è quello, e tale resta, inoppugnabilmente. Se la partita è finita 3-0, non capita mai di trovare qualcuno convinto che invece sia finita 2-2.

Al contrario, in campo scientifico, accade quotidianamente. Succede infatti che, anche quando il risultato è chiarissimo, c'è sempre qualcuno che non è d'accordo. Mettetevi nei miei panni. Anzi, nel mio camice.

Se la Roma perde 3 a 0 contro la Lazio (la scelta delle squadre non è ovviamente casuale, visto che io sono un tifoso biancazzurro molto appassionato), cosa fareste trovandovi davanti un tifoso irragionevole che sostiene che la Roma ha vinto? Prima gli fate vedere Televideo, poi la pagina della «Gazzetta dello Sport», poi quella di qualche altro giornale. Niente da fare, questo sostiene ancora che la

Roma ha vinto. Gli spiegate che nel calcio vince chi fa più gol, e che la Lazio ne ha fatti 3 e la Roma 0, e ovviamente 3 è più di 0. Niente, quello insiste: la Roma ha vinto.

Ecco, io mi trovo nella stessa situazione con quelli che sostengono che i vaccini causano l'autismo (o l'epilessia, o la calvizie, o il nonsoiocosa). Gli spiego che i numeri, così come dicono infallibilmente che la Roma ha perso, affermano senza ombra di dubbio che i vaccini non c'entrano nulla con l'autismo: l'incidenza è identica nei vaccinati e nei non vaccinati.

Siccome non si convincono, gli dico che l'autismo si riesce a diagnosticare ben prima delle vaccinazioni, e che ha una forte componente genetica, come indicato dal fatto che le lesioni cerebrali che ne sono all'origine risalgono a prima della nascita. Niente da fare. La Roma ha vinto e i vaccini causano l'autismo.

Insomma, avete capito cosa voglio dire. Quando bravissimi giornalisti, miei amici, mi dicono che dovrei dialogare con gli antivaccinisti, cosa direbbero a chi, in un caso come questo, continua a sostenere che la Roma ha vinto, agita la bandiera giallorossa, stappa bottiglie per festeggiare e magari vuole pure riscuotere i quattrini della scommessa?

15

Gridare «Al fuoco!» in un teatro affollato

Come avete visto, il terreno della libertà di opinione è un campo minato. Perché, più si va avanti, più ci si lascia indietro il terreno solido costituito dal metodo scientifico e dai dati condivisi sul quale possiamo appoggiare con tranquillità e fiducia le basi delle nostre ragioni.

Da un lato c'è l'esigenza di limitare la diffusione di bugie che rappresentano un pericolo; allo stesso tempo dare spazio a ogni pensiero alternativo è sentito dai singoli come una delle libertà più importanti e più irrinunciabili della vita. Si tratta, però, di un territorio molto rischioso, dove la scienza non può guidarci, e nel quale anche la politica può essere debole, visto che stabilire il principio che si possono reprimere voci che esprimono concetti pericolosi potrebbe comportare un abuso che nessuno di noi vorrebbe.

Negli Stati Uniti, la patria della libertà di opinione, dove è addirittura legittimo proclamarsi nazisti, ci fu una famosa sentenza della Corte Suprema che stabilì che gridare «Al fuoco!» in un teatro affollato non è un legittimo esercizio della libertà di opinione. In effetti, se durante una trasmissione televisiva uno degli ospiti dicesse: «C'è una bomba all'aeroporto di Fiumicino!», non eserciterebbe la sua libertà di espressione ma commetterebbe un assurdo e pericoloso reato.

Negli Stati Uniti negli anni Settanta si è dibattuto a lungo su un libro intitolato *Hit Man* (Sicario), di Rex Feral (uno pseudonimo). Un manuale tecnico per professionisti indipendenti, secondo il sottotitolo; una guida ragionata e accurata per uccidere persone e rimanere impuniti, in realtà. Alcuni ritenevano che un libro simile non dovesse essere pubblicato. Altri, al contrario, sostenevano che bisognava pubblicarlo, perché libertà vuol dire pubblicare tutto quanto. Il dibattito si trascinò a lungo, fino a quando, a un certo punto, qualcuno commise un triplo omicidio seguendo passo per passo le istruzioni contenute in quel discutibile manuale fai da te.

Anche in questo caso, siamo in un terreno minato. Ognuno di noi vorrebbe essere libero di leggere tutti i libri che gli pare. Viene da pensare, a questo proposito, che anche un innocuo libro giallo, nel quale sia descritta minuziosamente la preparazione di una strage, potrebbe essere di ispirazione per commetterla.

Per mia personale sensibilità, io tengo molto alla libertà e faccio di tutto per poter vivere in un mondo nel quale le proibizioni siano le più rare possibili; conscio però che i divieti diventano necessari quando i comportamenti della gente li richiedono. Se ci pensate, in Italia è proibito far entrare un bambino all'asilo se non vaccinato proprio perché c'è troppa gente che non vaccina i figli; nei Paesi dove tutti li vaccinano spontaneamente non c'è bisogno di questo divieto. Allo stesso modo, come abbiamo detto, negli ascensori non c'è scritto «Non starnutire fragorosamente senza coprirsi la bocca con un fazzoletto» per il semplice motivo che non è necessario, visto che nessuno si comporta in questo modo.

Quando dico che bisogna censurare le bugie pericolose, lo dico dunque con un certo disagio. Perché da un lato sono convintissimo che non debbano essere diffuse, ma dall'altro mi rendo conto che questa regola si presta ad abusi che possono comportare una limitazione della libertà di opinione, che io, come molti altri, sento come una parte fondamentale della mia vita e dei miei diritti di uomo. Anche se è un'utopia, a me piacerebbe vivere in un mondo in cui tutti possono dire tutto quello che vogliono, perché le persone che ascoltano sono in grado autonomamente di classificare subito i bugiardi, i cialtroni e i Somari nella loro giusta categoria.

Purtroppo, però, quel mondo non è quello in cui oggi viviamo.

16

Due notizie, una bella e una brutta

Arrivati a questo punto, avrete senz'altro capito due cose: la prima è che è molto importante essere in grado di distinguere le sciocchezze dalle cose che hanno un fondamento scientifico. Confondere le prime con le seconde può portare a guai molto grossi.

La seconda è che non è facile distinguerle. Se io, da ragazzino, avessi voluto sapere da cosa sono provocati i terremoti o se i vaccini sono efficaci, avrei aperto il volume di un'enciclopedia, dove il curatore non avrebbe mai fatto scrivere il primo arrivato: se un medico avesse voluto parlare di geologia l'avrebbero cacciato, insieme al geologo convinto di poter stendere le voci sulle malattie. Ora quel curatore non c'è più: su internet trovate di tutto e dovete essere voi stessi in grado di compiere quel difficile lavoro di selezione.

Per cui, prima di tutto, ho una brutta notizia: dobbiamo ancora studiare.

Tutte le nozioni che ci piovono addosso quando digitiamo agilmente sulla tastiera del computer o mentre muoviamo rapidi i pollici sul nostro magico smartphone non servono a niente senza la cultura, quella cosa che Gaetano Salvemini definì, riprendendo uno psicologo statunitense, «ciò che resta in noi dopo che abbiamo dimenticato tutto quello che avevamo imparato». Non basta saper leggere, non basta sapere l'inglese, non basta neppure capire lo spagnolo. Ci vuole lo studio, quello che riempie la testa e stanca gli occhi. Quello antico, che si fa a scuola, con i professori severi, con i libri noiosi (perché non penserete che chi studia preferisca i libri alle partite di pallone o alle passeggiate romantiche, vero?) e con qualcuno che alla fine, con un'interrogazione o un esame, decide se oltre a studiare si è imparato qualcosa.

Allo stesso tempo ho una bella notizia: dobbiamo ancora studiare.

Non importa se l'amico ricco si è potuto permettere l'ultimo modello di smartphone o gira con una Lamborghini che gli ha regalato lo zio d'America. Se non studia, sarà solo un Somaro con una connessione internet e un sacco di soldi, e a causa di queste due caratteristiche tutti si accorgeranno dei suoi ragli. Non esiste scorciatoia che possa arrivare dal denaro, dal potere, dalla posizione sociale o dalla nascita privilegiata. Chi studia, sa; chi non studia, non sa. Al massimo il ricco potrà permettersi un maestro privato per le ripetizioni, ma non avrà comunque a disposizione un'iniezione costosissima che gli insegnerà le cose: come il più povero del mondo, dovrà aprire un libro e sudarci sopra.

Allora, come vedete, la scienza – intesa nel suo significato più vero e più profondo, che è quello di conoscenza – non solo è la cosa più democratica che esista, ma è anche la premessa necessaria perché un cittadino possa fare scelte consapevoli, ed è quindi indispensabile per la realizzazione di una piena democrazia.

Insomma, in questo mondo dove sembra che studiare sia diventato inutile – visto che tutte le nozioni arrivano come lampi di luce in un millesimo di secondo sullo schermo del nostro telefonino – lo studio è ancora importante, anzi imprescindibile.

Perché i computer sono fantastici, i computer ci rendono la vita più facile, ci permettono di non perdere tempo a cercare la strada giusta o in coda per acquistare il biglietto di un treno. Ci consentono di sentire come suonava il piano Dino Ciani o di vedere i gol di Paolo Rossi nella partita con il Brasile dei mondiali 1982. Ci fanno sentire vicini a persone distanti, ci portano in qualche modo accanto quelli che ci vogliono bene, ci attenuano la solitudine e cancellano la lontananza.

Ma, per quanto potenti, non ci possono ancora insegnare a distinguere la bugia dalla verità.

Appendice

Le sciocchezze sui vaccini

Sciocchezza numero uno: «Si ammalano anche i vaccinati»

Il prode antivaccinista che vagola nella rete trova uno dei momenti di più alto giubilo quando una persona, seppur vaccinata, si ammala della malattia dalla quale dovrebbe essere stata protetta dal vaccino, e da questa osservazione trae la convinzione – subito esternata al popolo di internet – che i vaccini non servano a niente. Anche in questo caso basta ragionare per capire che il Somaro si sbaglia.

Nel 1986 in Italia è diventato obbligatorio il casco per guidare la moto. L'efficacia di questa misura è stata indiscutibile: gli arrivi al pronto soccorso per lesioni gravi conseguenti a un incidente si sono immediatamente dimezzati e la mortalità si è ridotta di un quarto.

Tuttavia, siccome grazie alla legge il casco è indossato dal 97% dei motociclisti (contro il 15% che lo usava prima della legge), la maggior parte dei morti e dei feriti sono a questo punto motociclisti muniti di casco. Eppure nessuno si è mai sognato di affermare che il casco sia inutile, o addirittura dannoso. Semplicemente non protegge al cento per cento, ma la sua importanza nella salvaguardia dell'incolumità dei motociclisti è indiscutibile e indiscussa.

La maggior parte dei vaccini è immensamente più efficace del casco, essendo i vaccini stessi – se usati in maniera estesa – in grado di ridurre di più del 95% i casi delle singole malattie. Tuttavia, talvolta, alcune persone si ammalano nonostante la vaccinazione: sono i casi che noi chiamiamo di «fallimento vaccinale» e sono un tema interessantissimo di studio per mettere a punto non solo protocolli di vaccinazione più efficaci, ma anche vaccini migliori.

Al momento, tuttavia, con quello che abbiamo e mentre la scienza lavora per avere qualcosa di meglio, il modo più sicuro per evitare i fallimenti vaccinali è quello di vaccinare a tappeto neonati, bambini e adulti, con gli opportuni richiami. Così facendo impediremo la circolazione degli agenti infettivi e proteggeremo anche gli sfortunati che non hanno tratto beneficio dalla vaccinazione.

Sciocchezza numero due: «Dieci vaccinazioni sono troppe». Chi lo dice? Il barista del Bar Sport

L'Airbus A380 atterra su 22 ruote. Sono poche? Sono troppe? Per saperlo è necessario il parere di un ingegnere aeronautico e non sono documentati casi di passeggeri che chiedano di smontare una ruota al pilota.

Il ponte che consente all'autostrada A1 di superare il fiume Po all'altezza di Piacenza ha 16 campate. Sono troppe? Sono poche? Ci vuole un esperto di ingegneria civile per stabilirlo, e infatti nessuno degli automobilisti che ci passa sopra si azzarda a obiettare.

In entrambi i casi ci si fida del fatto che gente estremamente qualificata, che conosce bene l'argomento, abbia fatto i calcoli corretti e abbia deciso il giusto numero di campate o di ruote.

Al contrario, ogni giorno sentite dire che «dieci vaccinazioni sono troppe».

Lo dicono in tanti: parlamentari, mamme informate, padri combattenti, giornalisti d'assalto. Tutte persone che sanno di vaccini quanto di ingegneria civile o aeronautica: zero assoluto. Per motivi sconosciuti sulle ruote dell'Airbus e sulle campate del ponte tacciono, sui vaccini parlano. E dicono sciocchezze. Vediamo perché.

Partiamo da un concetto: chi usa l'espressione «sovraccarico immunologico» è uno che non sa nulla di immunologia. Il sovraccarico immunologico non esiste, e tanto meno potrebbe conseguire alla somministrazione di dieci vaccini. Un bambino esce dall'utero materno (sostanzialmente sterile) e al momento della nascita viene invaso da moltissimi miliardi di batteri che stimolano il suo sistema immunitario senza sovraccaricarlo: cosa volete che facciano dieci vaccini in quindici mesi?

Ma consideriamo la questione da un altro punto di vista, e spieghiamo cos'è un antigene. Un antigene è una singola sostanza che stimola il sistema immunitario, come una proteina purificata. Quando il bambino si provoca un graffietto nella cute o viene punto da una zanzara, entra in contatto istantaneamente con migliaia e migliaia di antigeni: nei «dieci vaccini», distribuiti in quindici mesi di vita, ce ne sono circa 200!

Se pensate che una volta si vaccinasse di meno, vi sbagliate. Chi, come me, è nato negli anni Sessanta è stato vaccinato con un numero minore di vaccini, ma gli antigeni erano più di 3000. Oggi, grazie al miglioramento della tecnologia, i vaccini sono immensamente più sicuri ed efficaci: con meno antigeni proteggiamo contro un numero maggiore di malattie.

Dieci vaccini, quindi, non sono troppi. Sono un modo per proteggere in tutta sicurezza un bambino – e tutta la comunità – da malattie pericolosissime che potrebbero avere conseguenze tragiche. Quindi non ascoltate chi vi racconta bugie sul sovraccarico immunologico: è individuo tanto avveduto quanto colui che vorrebbe togliere un paio di ruote al carrello dell'aereo con cui state per partire per le vacanze. Non consentitegli di mettere in pericolo voi e gli altri passeggeri, e mandatelo al posto che gli appartiene: quel famoso bar di periferia, dove potrà discutere le sue tesi con il barista, che avendo un cognato infermiere e un cugino gommista, e parla ogni giorno con tanta gente, magari ne sa un po' più di lui.

Sciocchezza numero tre: «Le malattie scompaiono da sole»

I vaccini non servono a niente, a leggere certi siti. Ma certi siti sono specialisti nel fornirvi notizie alterate e dati presentati in modo fuorviante al fine di ingannarvi. Per esempio pubblicando un grafico come quello che vedete qui sotto (preso per l'appunto da un sito antivaccinista!), accompagnato dall'affermazione: «Vedete, il morbillo stava già scomparendo per conto proprio!».

USA: tasso di mortalità del morbillo

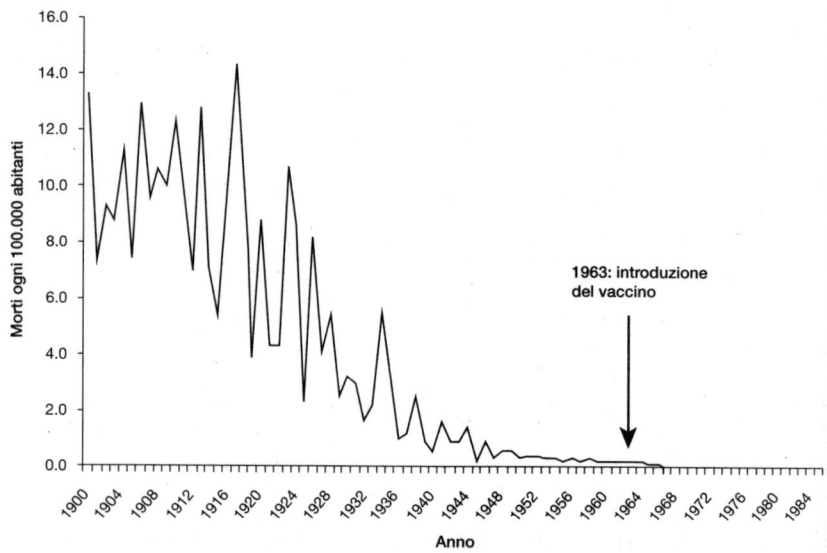

In realtà l'antivaccinista di turno sta barando. Questi sono i dati della mortalità per morbillo, non dell'incidenza: non descrivono il numero di casi registrati ogni anno, ma il numero di morti per morbillo avvenute ogni anno.

Il morbillo è una malattia che un tempo era molto grave, con una mortalità che raggiungeva (e raggiunge ancora nei Paesi dove le condizioni sanitarie e generali sono pessime) il 30%.

Con le cure che abbiamo a disposizione, la mortalità del morbillo si abbassa fino a 1 caso su 2-3000, ma non riesce a scendere sotto questo livello. In Italia, prima del vaccino, questo equivaleva a centinaia di bambini all'anno. Se andate invece a vedere non la mortalità, ma il numero di casi di morbillo, vi rendete conto che la partita si è chiusa solo nel momento in cui è stato introdotto il vaccino e si è cominciato a vaccinare a tappeto.

Guardate i grafici alla pagina seguente.

Il primo indica l'incidenza del morbillo negli Stati Uniti: siete convinti che tra il 1964 e il 1968 l'igiene sia migliorata così tanto da portare i casi di morbillo intorno a zero? E se passiamo al secondo, che invece rappresenta la mortalità per morbillo in quegli stessi anni, non vi sembra che la vera differenza l'abbia effettivamente fatta il vaccino?

Come sempre, le balle non reggono alla verifica dei numeri.

USA: casi di morbillo 1950-1986

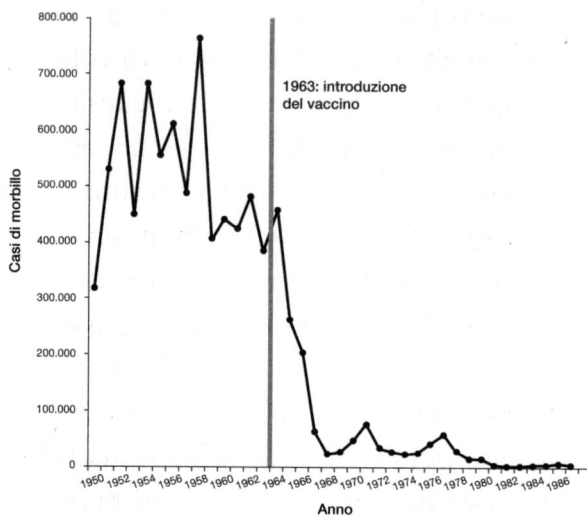

USA: morti per morbillo 1950-1986

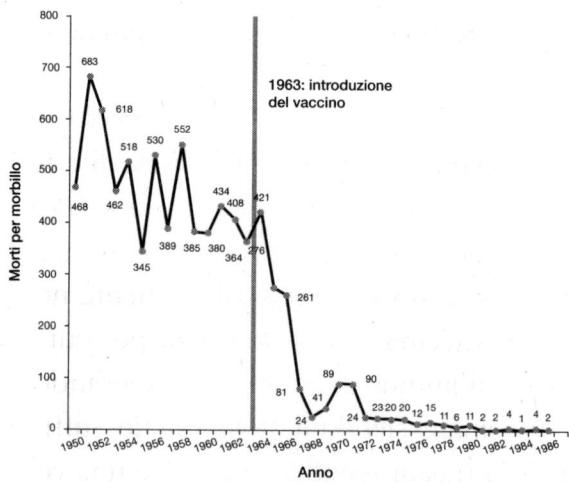

Non siete ancora convinti? Allora lasciamo le nazioni, lasciamo le città, lasciamo pure gli uomini e spostiamoci nelle foreste per parlare di volpi.

La rabbia è una malattia terribile causata da un virus che di solito viene trasmesso da cani e gatti all'uomo con un morso. Vaccinando tutti i cani e i gatti si può creare intorno agli uomini una barriera efficace (la rabbia non viene praticamente mai trasmessa da uomo a uomo), ma il virus non smette di circolare tra gli animali selvatici, in particolare proprio le volpi, che continuano a trasmettersela tra di loro, potendo poi mordere un cane o un gatto non vaccinato che alla fine costituisce un pericolo per noi. Per cui l'ideale sarebbe far sparire il virus, ma come si possono immunizzare gli animali selvatici, notoriamente restii a aderire a campagne di vaccinazione?

Bene, qualcuno ha avuto l'idea di risolvere il problema preparando esche con cibi graditi alle volpi e imbottiti di vaccino. Si passa sopra le foreste con elicotteri e aerei, si lasciano cadere le esche, le volpi le mangiano e si vaccinano. Ovviamente non esiste modo per vaccinare tutte le volpi, per cui bisogna contare sull'immunità di gregge, sperando che le volpi vaccinate siano in percentuale sufficiente a bloccare la trasmissione del virus (se una volpe malata non riesce a mordere una volpe vulnerabile, il virus muore con lei).

Ebbene, questa strategia è stata intrapresa in Germania all'inizio degli anni Ottanta del Novecento e indovinate cosa è successo? La rabbia è scomparsa (ripeto, scomparsa). Si è passati da decine di migliaia di casi a zero (zero, ripeto); e tutto questo grazie all'immunità di gregge.

Certo, gli antivaccinisti vi diranno che è scomparsa perché nelle foreste europee sono migliorate le condizioni igieniche delle volpi, che dal 1980 in poi si lavano e si curano molto di più, ma voi non credeteci e vaccinate i vostri figli.

Sciocchezza numero quattro: «Chi viene vaccinato è contagioso per qualche giorno»

Ogni giorno un virologo si sveglia e sa che deve correre più veloce dell'antivaccinista che quotidianamente riesce a inventarsi nuove, terrorizzanti bugie. Una di queste, che negli ultimi tempi circola con insistenza, è quella che racconta come i pazienti possano trasmettere la malattia contro la quale sono stati immunizzati nei giorni seguenti alla vaccinazione. È del tutto falso.

La gran parte dei vaccini (esavalente, anti-pneu-mococco, anti-HPV, anti-meningococco) è costitui-ta da singoli componenti del virus o del batterio che sono in grado di suscitare una risposta immunitaria contro strutture dei virus o dei batteri di particolare importanza. Insomma, dentro il vaccino non c'è il batterio o il virus, ma solo pezzi dello stesso. Pensa-re che da singole proteine o altre molecole possa ma-gicamente venir fuori qualcosa in grado di replicarsi è come pensare che nel frigorifero il dado da cucina possa diventare un vitello che si mangia l'insalata. Diciamocelo, per immaginarlo bisogna aver esage-rato con il vino oppure essere decisamente babbei.

Quattro vaccini oggi in uso (morbillo, parotite, rosolia e varicella) sono invece costituiti da virus in grado di replicarsi, ma notevolmente indeboliti e non più nelle condizioni di provocare una malat-tia. Ci sono persone che, per fortuna individuale, contraggono queste malattie in maniera molto lie-ve: con il vaccino facciamo sì che questa fortuna sia estesa a tutti. Ebbene, questi virus sono attenuati e tanto sono stati infiacchiti che bisogna somminis-trarli con un'iniezione, altrimenti non riescono a infettare.

Chi è stato vaccinato contro morbillo, parotite e rosolia non può in nessun modo trasmettere il virus ad altri. Questi vaccini sono stati somministrati in molte centinaia di milioni di dosi e le osservazioni sono inequivocabili. I vaccinati non possono trasmettere il virus. Punto e basta. Nessun foglietto illustrativo dice questo e, se qualche linea guida di centro trapianti dice diversamente la linea guida è sbagliata. Chi vi racconta il contrario vi dice semplicemente una bugia.

Chi è stato vaccinato contro la varicella, invece, può sviluppare, a seguito della vaccinazione, una lievissima manifestazione cutanea con alcune vescicole e da queste può di rado trasmettere il virus con il quale è stato vaccinato. Questo in teoria, ma sapete in pratica quante volte è accaduto? Ebbene, negli ultimi 22 (ventidue) anni la trasmissione secondaria del virus contenuto nel vaccino contro la varicella (che tra l'altro ha provocato una forma lievissima di varicella, senza conseguenze) è stata descritta in 7 (sette!) casi. Ripeto, per gli antivaccinisti più refrattari: 7 casi in 22 anni, senza nessuna conseguenza.

Mentre è vero l'esatto opposto. Chi è vaccinato, diventando immune, non trasmette più il virus della varicella (e neanche gli altri tre). Per cui chi è immune non può essere un veicolo di infezione e, proteggendo se stesso, protegge anche i bambini che ha vicino che non si sono ancora vaccinati, i bambini che non si sono potuti vaccinare e anche i figli che i genitori antivaccinisti non hanno voluto vaccinare. Che, mentre berciano di libertà e democrazia, in realtà si comportano concettualmente come chi non paga le tasse, tanto le pagano tutti, e quando arriva al pronto soccorso viene curato ugualmente (grazie alla responsabilità di chi le tasse le paga), anche se è un evasore.

Complimenti.

Riferimenti bibliografici

In questo libro si parla spesso di vaccini, sistema immunitario e prevenzione delle malattie infettive.

Per maggiori informazioni sulle vaccinazioni, sulla loro storia, sulla loro efficacia e sicurezza potete consultare il mio libro *Il vaccino non è un'opinione*, Mondadori 2016.

Altri testi molto utili, per comprendere i meccanismi alla base del sistema immunitario e la storia e l'analisi sociale del rifiuto delle vaccinazioni, sono quelli di Alberto Mantovani, *Immunità e vaccini*, Mondadori 2016, e di Andrea Grignolio, *Chi ha paura dei vaccini?*, Codice 2016.

Il testo di riferimento per le vaccinazioni è S.A. Plotkin, W.A. Orenstein, P.A. Offit, K.M. Edwards, *Plotkin's Vaccines*, 7ª edizione, Elsevier 2017.

1. Una scienza primitiva e infantile

La storia della coppia canadese è raccontata in Frank Finley, *Anti-Science Rhetoric Has Serious Consequences for Society*, «Gauntlet», 25 ottobre 2016, disponibile online all'indirizzo goo.gl/Ehstok.

Le statistiche relative ai casi di polio in Germania Est e Ovest sono tratte da H.P. Pöhn, G. Rasch, *Statistik meldepflichtiger übertragbarer Krankheiten*, MMV Medizin Verlag 1994, disponibile online all'indirizzo goo.gl/UAbNVR. I grafici sono adattati dal sito vaccinarsi.blogspot.com.

La notizia delle restrizioni relative ai viaggi dalla Germania Est alla Germania Ovest è riportata dal «Chicago Tribune» del 1° luglio 1961.

Le stime e le notizie riguardanti il Sudafrica sono tratte da P. Chigwedere, G.R. Seage, S. Gruskin *et al.*, *Estimating the Lost Benefits of Antiretroviral Drug Use in South Africa*, «JAIDS – Journal of Acquired Immune Deficiency Syndromes», vol. 49, n. 4, 1° dicembre 2008, pp. 410-415, e da N. Geffen, *Justice after AIDS Denialism: Should There Be Prosecutions and Compensation?*, «JAIDS – Journal of Acquired Immune Deficiency Syndromes», vol. 51, n. 4, 1° agosto 2009, pp. 454-455.

La citazione di Albert Einstein è tratta da *An Interview with Albert Einstein on Science Careers*, «Science», 14 gennaio 2011, disponibile online all'indirizzo goo.gl/zv4gBa.

2. Fenomenologia del Somaro

Il gruppo Facebook dove ho esordito si chiama «Consigli da mamma a mamma» ed è fondato e gestito da Miriam Maurantonio, che ringrazio per l'incoraggiamento iniziale e per l'amicizia.

Non sono un esperto ma solo un appassionato: a chi vuole ascoltare (o riascoltare) la magnifica opera di Gioachino Rossini *La Cenerentola* consiglio la versione diretta da Claudio Abbado con l'Orchestra e il Coro del Teatro alla Scala, presente in dvd nel catalogo Deutsche Grammophon.

3. Lo strano caso del ventilatore assassino ovvero Perché si crede alle bufale

Per quanto riguarda questo capitolo, l'ispirazione proviene da alcune chiacchierate con il mio amico e collega Matteo Motterlini, con il quale sono notevolmente in debito per le cose che mi ha insegnato. Il suo libro *Trappole mentali* (Rizzoli 2008, ora nel catalogo BUR) è un punto di partenza indispensabile se volete approfondire il perché la nostra mente commette errori. Nel libro è contenuta una vastissima bibliografia che potrete consultare. Anche l'immagine dell'illusione ottica a p. 33 proviene da qui.

Riferimenti bibliografici

La percentuale di genitori che temono l'autismo vaccinando i figli è una comunicazione personale dei risultati di uno studio compiuto dal dottor Daniel Fiacchini, che ringrazio.

Per approfondire la storia della carie: P. Caselitz, *Caries – Ancient Plague of Humankind*, in *Dental Anthropology. Fundamentals, Limits, and Prospects*, a cura di K.W. Alt, F.W. Rösing, M. Teschler-Nicola, Springer 1998, pp. 203-226; L. Pezo Lanfranco, S. Eggers, *Caries Through Time: An Anthropological Overview*, in *Contemporary Approach to Dental Caries*, a cura di Ming-yu Li, InTech 2012, disponibile online all'indirizzo goo.gl/XWzBcT.

A chi è interessato ad approfondire il ruolo dell'agricoltura nello sviluppo della civiltà umana consiglio il libro di Jared Diamond, *Armi, acciaio e malattie*, Einaudi 1997.

Per informazioni più complete sull'ipotesi igienica: D. Daley, *The Evolution of the Hygiene Hypothesis: The Role of Early-Life Exposures to Viruses and Microbes and Their Relationship to Asthma and Allergic Diseases*, «Current Opinion in Allergy and Clinical Immunology», vol. 14, n. 5, ottobre 2014, pp. 390-396.

Alla credenza coreana nella «morte da ventilatore» sono stati dedicati vari articoli, tra cui quello di Dan Levin comparso sul «New York Times» del 23 maggio 2016, intitolato *A Uniquely Korean Household Worry* e disponibile online all'indirizzo goo.gl/tfGwq9. All'origine pare ci sia un articolo intitolato *Strani danni prodotti dai ventilatori elettrici*, pubblicato il 31 luglio 1927 su «Jungoe Ilbo» (Quotidiano di affari nazionali e internazionali).

Per saperne di più sull'autismo: H.C. Hazlett, H. Gu, B.C. Munsell *et al.*, *Early Brain Development in Infants at High Risk for Autism Spectrum Disorder*, «Nature», n. 542, 16 febbraio 2017, pp. 348-351; L.E. Taylor, A.L. Swerdfeger, G.D. Eslick, *Vaccines Are Not Associated with Autism: An Evidence-Based Meta-Analysis of Case-Control and Cohort Studies*, «Vaccine», vol. 32, n. 29, 17 giugno 2014, pp. 3623-3629; E. Werner, G. Dawson, *Validation of the Phenomenon of Autistic Regression Using Home Videotapes*, «Archives of General Psychiatry», vol. 62, n. 8, agosto 2005, pp. 889-895; R. Stoner, M.L. Chow, M.P. Boyle *et al.*, *Patches of Disorganization in the Neocortex of Children with Autism*, «The New England Journal of Medicine», n. 370, 27 marzo 2014, pp. 1209-1219.

La storia del «tacchino induttivista» proviene da A.F. Chalmers,

Che cos'è questa scienza?, Mondadori 1979, p. 24, che rimanda a un esempio di Bertrand Russell (*I problemi della filosofia*, cap. 6).

4. Il trapano e la scienza

Sui casi di tumore a McFarland e a Los Alamos si può leggere l'articolo di Atul Gawande, *The Cancer-Cluster Myth*, comparso sul «New Yorker» dell'8 febbraio 1999 e disponibile online all'indirizzo goo.gl/Ag737Y.

L'articolo sulla statistica della «mano calda» citato nel capitolo è T. Gilovich, R. Vallone, A. Tversky, *The Hot Hand in Basketball: On the Misperception of Random Sequences*, «Cognitive Psychology», vol. 17, n. 3, luglio 1985, pp. 295-314.

6. Bucare le gomme ai virus

Per maggiori informazioni sull'epidemiologia globale dell'epatite C: H.K. Mohd, J. Groeger, A.D. Flaxman *et al.*, *Global Epidemiology of Hepatitis C Virus Infection: New Estimates of Age-Specific Antibody to HCV Seroprevalence*, «Hepatology», vol. 57, n. 4, aprile 2013, pp. 1333-1342.

Una parte della mia ricerca riguardante il virus dell'epatite C è contenuta in: N. Mancini, R.A. Diotti, M. Perotti, G. Sautto, N. Clementi, G. Nitti, A.H. Patel, J.K. Ball, M. Clementi, R. Burioni, *Hepatitis C Virus (HCV) Infection May Elicit Neutralizing Antibodies Targeting Epitopes Conserved in All Viral Genotypes*, «PLoS One», vol. 4, n. 12, 11 dicembre 2009, e8254; R. Burioni, M. Perotti, N. Mancini, M. Clementi, *Perspectives for the Utilization of Neutralizing Human Monoclonal Antibodies as Anti-HCV Drugs*, «Journal of Hepatology», vol. 49, n. 2, agosto 2008, pp. 299-300; M. Perotti, N. Mancini, R.A. Diotti, A.W. Tarr, J.K. Ball, A. Owsianka, R. Adair, A.H. Patel, M. Clementi, R. Burioni, *Identification of a Broadly Cross-Reacting and Neutralizing Human Monoclonal Antibody Directed against the Hepatitis C Virus E2 Protein*, «Journal of Virology», vol. 82, n. 2, gennaio 2008, pp. 1047-1052.

Sulla storia dell'articolo «scientifico» sui *midi-chlorian* di *Star*

Wars si possono consultare *Predatory Journal Hit by «Star Wars» Sting*, apparso su «Discover Magazine» del 22 luglio 2017 (e disponibile online all'indirizzo goo.gl/PNq6vE), e l'articolo originale, all'indirizzo goo.gl/c8qF1j.

7. La cura dell'acqua

Trovate l'analisi di 1800 studi sull'omeopatia, con la conclusione che «non ci sono prove di buona qualità a dimostrazione che l'omeopatia sia efficace nel trattare le malattie» (tradotto: non funziona), in *Evidence on the Effectiveness of Homeopathy for Treating Health Conditions*, a cura del National Health and Medical Research Council del governo australiano, marzo 2015, disponibile online all'indirizzo goo.gl/BYmhBd.

8. Non tutti i Nobel finiscono in gloria

Alle bizzarre convinzioni di alcuni premi Nobel è dedicato l'articolo di George Johnson, *Bright Scientists, Dim Notions*, comparso sul «New York Times» del 28 ottobre 2007 e disponibile online all'indirizzo goo.gl/2sKUh1.

Le parole di Brian Josephson si possono leggere sul suo sito personale: goo.gl/EV1PQ3.

Alla vicenda dei francobolli delle Poste britanniche l'«Observer» ha dedicato un articolo, *Royal Mail's Nobel Guru in Telepathy Row* di Robin McKie, comparso il 30 settembre 2001 e disponibile online all'indirizzo goo.gl/KqLjQ2.

9. «Chi ti paga?» ovvero Le multinazionali e il mio conflitto di interessi

Per approfondire il ruolo degli anticorpi monoclonali umani come possibili farmaci contro le malattie infettive: R. Burioni, A.B. Lang, J.D. Capra, *Human Monoclonal Antibodies as a New Class of Antiinfective Compounds*, «Clinical & Developmental Immunology», 2013, 297120.

10. Complimenti al morbillo

I dati e il grafico sul morbillo in Italia provengono dal bollettino ufficiale dell'Istituto superiore di sanità e sono aggiornati al 19 settembre 2017.

I grafici sui casi di meningite in Gran Bretagna sono tratti dal già citato *Plotkin's Vaccines* (6ª edizione).

11. La libertà è un'altra cosa

In molti Stati USA il casco non è obbligatorio, come potete vedere sul sito dell'organizzazione no profit Insurance Institute for Highway Safety, all'indirizzo goo.gl/rTSXeR.

I dati sulle vaccinazioni obbligatorie in California provengono da *2016-2017 Kindergarten Immunization Assessment – Executive Summary*, California Department of Public Health, Immunization Branch (disponibile online all'indirizzo goo.gl/NhEzKA), e sono stati ripresi dal blog www.skepticalraptor.com.

L'istogramma sulla copertura vaccinale per il morbillo nelle regioni italiane è ricavato dai dati forniti nel portale EpiCentro dell'Istituto superiore di sanità, all'indirizzo goo.gl/UEME2v.

I dati di copertura per gli Stati OCSE e il relativo grafico sono tratti da goo.gl/sXw3nm.

12. I medici: Ordine e disordine

Se volete approfondire la storia di Andrew Wakefield, potete consultare il blog «MedBunker» (medbunker.blogspot.it), attraverso il quale Salvo Di Grazia, un medico, da molti anni è attivo in maniera efficace ed encomiabile nel campo della divulgazione scientifica e nello smontaggio delle «bufale».

Altre fonti molto utili sono: B. Deer, *How the Case against the MMR Vaccine Was Fixed*, «The British Medical Journal», n. 342, 5 gennaio 2011, c5347; N. Triggle, *MMR Scare Doctor «Acted Unethically», Panel Finds*, BBC News, 28 gennaio 2010, disponibile online all'indirizzo goo.gl/ENKqsv.

I due grafici riguardanti le vaccinazioni e i casi di morbillo in

Gran Bretagna sono tratti dal sito del giornalista Brian Deer, all'indirizzo goo.gl/yaCpvk.

Sulla controversia a proposito delle teorie di Wakefield su autismo e vaccini, vale la pena leggere il libro di Paul A. Offit, *Autism's False Prophets: Bad Science, Risky Medicine, and the Search for a Cure,* Columbia University Press 2008.

L'odierno valore delle sterline è stato calcolato sul sito inflation. stephenmorley.org.

13. I giornalisti: autorevolezza e responsabilità

Per sapere di più sull'attività encomiabile di Brian Deer potete consultare il suo sito (ricco di ulteriori informazioni sulla questione Wakefield): briandeer.com.

Il «quotidiano online» dove è stata riportata l'intervista all'avvocato che fornisce discutibili consigli sulla SIDS è «Emilia Romagna Mamma» (www.emiliaromagnamamma.it).

Sulla non correlazione tra SIDS e vaccinazioni è possibile consultare: M.M. Vennemann, T. Butterfass-Bahloul, G. Jorch *et al., Sudden Infant Death Syndrome: No Increased Risk after Immunization,* «Vaccine», vol. 25, n. 2, 4 gennaio 2007, pp. 336-340; M.M. Vennemann, M. Höffgen, T. Bajanowski *et al., Do Immunisations Reduce the Risk for SIDS? A Meta-Analysis,* «Vaccine», vol. 25, n. 26, 21 giugno 2007, pp. 4875-4879.

Per maggiori informazioni sulla SIDS consiglio di visitare il sito dell'Associazione Semi per la SIDS onlus (www.sidsitalia.it).

15. Gridare «Al fuoco!» in un teatro affollato

Il caso denominato «Schenck vs United States», sulla liceità della propaganda contro l'arruolamento in tempo di guerra, fu discusso presso la Corte Suprema degli Stati Uniti nel 1919; nel corso del dibattimento, il giudice Oliver Wendell Holmes Jr sostenne che la libertà di parola non include la libertà di urlare senza ragione «Al fuoco!» in un teatro affollato (cfr. goo.gl/fTUjWp).

La storia del «libro proibito» *Hit Man* è raccontata all'indirizzo goo.gl/wHZAER.

16. Due notizie, una bella e una brutta

L'articolo di Gaetano Salvemini *Che cosa è la cultura* (1908), da cui è tratta la citazione di p. 146, è disponibile online all'indirizzo: goo.gl/gra25v.

Appendice. Le sciocchezze sui vaccini

Molti siti forniscono informazioni affidabili. Per le vaccinazioni, con stili diversi tra i quali potete scegliere quello a voi più gradito: il sito e il blog a cura della Società italiana di igiene, www.vaccinarsi.org e vaccinarsi.blogspot.it, le pagine Facebook IoVaccino, RIV (Rete informazione vaccini), quelle dei colleghi Pier Luigi Lopalco e Silvestri & Cossarizza (Guido Silvestri e Andrea Cossarizza) e la mia, Roberto Burioni, Medico. Un riferimento molto utile per verificare le notizie in campo sanitario è, come detto, il blog del dottor Salvo Di Grazia («MedBunker») e per smascherare le infinite balle che circolano vi consiglio il blog di Paolo Attivissimo («Il Disinformatico», attivissimo.blogspot.it) e il sito «BUTAC – Bufale un tanto al chilo» (www.butac.it), gestito con entusiasmo da Michelangelo Coltelli.

Per i dati sulle conseguenze dell'introduzione del casco obbligatorio in Italia: F. Taggi, *Safety Helmet Law in Italy*, «Lancet», vol. 1, n. 8578, 23 gennaio 1988, p. 182.

Sui metodi per informare i genitori sui vaccini, i loro rischi e le loro conseguenze: P.A. Offit, J. Quarles, M.A. Gerber *et al.*, *Addressing Parents' Concerns: Do Multiple Vaccines Overwhelm or Weaken the Infant's Immune System?*, «Pediatrics», vol. 109, n. 1, gennaio 2002, pp. 124-129.

Il grafico sulla mortalità per morbillo negli USA a partire dal 1900 proviene dal sito antivaccinista goo.gl/LRQBw3.

I due grafici sui casi e la mortalità per morbillo negli USA dal 1950 al 1986 provengono da goo.gl/FcgcHf.

Sulla scomparsa della rabbia in Germania dopo la «vaccinazione» delle volpi, si veda il bollettino online sulla rabbia a cura dell'Organizzazione mondiale della sanità: goo.gl/9PYjS1.

Ringraziamenti

Dopo aver ringraziato mia figlia Caterina Maria per aver inondato di luce la mia vita, devo ripetermi ringraziando mia moglie Annalisa per avermi supportato in questo e in tutti gli altri impegni, garantendomi un porto sicuro; i miei genitori per avermi trasmesso, soprattutto con l'esempio, l'importanza dello studio e del lavoro.

Grazie anche a Massimo Clementi per avermi insegnato la microbiologia, la virologia e moltissime altre cose; ad Alberto Zangrillo per avermi sempre incoraggiato con affetto e amicizia; a tutti i colleghi e gli amici del San Raffaele per avermi fatto vivere in un ambiente umanamente e culturalmente stimolante, che mi ha permesso di tenere vivo il pensiero e la voglia di continuare a studiare; a tutti i miei studenti e ai miei allievi che hanno ricambiato, spesso senza saperlo, il mio tentativo di insegnargli qualcosa di utile. Grazie anche a chi mi ha fatto capire che, oltre a insegnare, curare e fare ricerca scientifica, potevo inaspettatamente anche essere in grado di scrivere libri tenendo viva la mia passione.

Sono inoltre grato a Marco Bianchi, che mi ha consigliato con generosità come affrontare i social media; a Laura Eduati, la prima giornalista ad accorgersi della mia attività; ad Andrea Grignolio, per l'amicizia e il continuo stimolo critico.

Un grazie particolare all'avvocato Roberto Marchegiani, che con la sua competenza e il suo affetto mi ha difeso dagli attacchi malevoli e sleali. Grazie anche ai quattro amici che mi hanno aiutato a tenere in ordine la mia pagina Facebook.

Devo infine le mie scuse profonde e sentite ai somari, animali utili e mansueti, per averli accostati ingiustamente a esseri umani arroganti e dannosi.

Indice

Finito di stampare
nel mese di novembre 2017 presso
Grafica Veneta - via Malcanton 2, Trebaseleghe (PD)

Printed in Italy